国家自然科学基金面上项目（51774140）

连铸保护渣及渣膜工艺矿物学

韩秀丽　刘磊　著

扫一扫查看数字资源

U0342761

北　京

冶 金 工 业 出 版 社

2022

内 容 提 要

本书深入剖析了连铸保护渣及渣膜常见矿物显微特征，系统论述了保护渣化学成分、矿物原料与其物化性能、结晶行为、渣膜矿相结构之间的关系，并从热力学和动力学角度分析了渣膜矿相结构的形成机理，为协调渣膜润滑与传热的矛盾和改善铸坯质量提供了理论依据，并对其他选冶产品质量及选冶工艺研究具有一定的参考价值。

本书可供钢铁企业工程技术人员、连铸保护渣研制和生产的科研工作者以及高等院校师生使用，也可供连铸生产操作的一线人员参考。

图书在版编目(CIP)数据

连铸保护渣及渣膜工艺矿物学／韩秀丽，刘磊著.—北京：冶金工业出版社，2022.1

ISBN 978-7-5024-9054-6

Ⅰ.①连… Ⅱ.①韩… ②刘… Ⅲ.①连铸保护渣—工艺矿物学 Ⅳ.①TF111.17

中国版本图书馆 CIP 数据核字(2022)第 014409 号

连铸保护渣及渣膜工艺矿物学

出版发行	冶金工业出版社	**电 话**	(010)64027926
地 址	北京市东城区嵩祝院北巷 39 号	**邮 编**	100009
网 址	www.mip1953.com	**电子信箱**	service@mip1953.com

责任编辑 王 颖 美术编辑 彭子赫 版式设计 郑小利
责任校对 郑 娟 责任印制 李玉山
北京虎彩文化传播有限公司印刷
2022 年 1 月第 1 版，2022 年 1 月第 1 次印刷
710mm×1000mm 1/16；11.25 印张；219 千字；172 页
定价 99.90 元

投稿电话 (010)64027932 投稿信箱 tougao@cnmip.com.cn
营销中心电话 (010)64044283
冶金工业出版社天猫旗舰店 yjgycbs.tmall.com
(本书如有印装质量问题，本社营销中心负责退换)

前　　言

　　工艺矿物学主要研究工业固体原料与其产品的矿物学特征以及加工过程中的矿物性状变化，为优化工艺流程和改善产品质量提供方向性指导，它是矿物学的分支学科，同时也是介于地质学与选矿、冶金工艺学之间的边缘交叉学科。根据研究对象和任务不同，工艺矿物学进一步分为选矿工艺矿物学和冶金工艺矿物学。连铸保护渣及渣膜工艺矿物学是属于冶金工艺矿物学研究的范畴。

　　连铸结晶器保护渣是炼钢连铸工艺中非常重要的功能材料之一，对连铸过程的顺行和改善铸坯表面质量起着重要的作用。一种新型保护渣是否能适应高效连铸生产，首先在于保护渣是否有适宜的组成，这也是保护渣组成与物理性能的关系长期以来备受关注的原因。保护渣的原料组成影响着其结晶能力以及渣膜的形成和性状，而保护渣析晶行为及渣膜矿相结构又决定了铸坯表面质量的好坏。为了提高铸坯表面质量，必须进行连铸保护渣及渣膜工艺矿物学研究，从对连铸保护渣宏观的简单物性分析，深入到微观的保护渣物质组成、熔渣析晶行为和凝固渣膜矿相结构等方面的内在联系研究，对进一步开发新型高效连铸结晶器保护渣及改善连铸坯质量缺陷具有重要意义。

　　本书作者自20世纪90年代开始从事工艺矿物学研究，长期致力于铁矿石、铁精矿、烧结矿、球团矿、高炉渣、钢渣、连铸结晶器保护渣、水泥熟料和耐火材料等选冶工艺产品质量改善方面的科研工作。在研究选冶工艺产品矿物学特征及其影响机理方面积累了丰富的经验并取得了丰硕的成果。本书既是作者及其科研团队近年来有关连铸保护渣课题研究成果的总结，也是对冶金工艺矿物学研究方法的应用与实践。

　　本书由韩秀丽、刘磊撰写，参与连铸保护渣及渣膜工艺矿物学相关研究课题的人员有张玙、张翼飞、王凯强、张韩、潘苗苗、张福东、李沛等。本书的编写得到了河北科技大学朱立光校长、华北理工大学李昌存副校长的指导和大力支持；在物化性能测试、结晶行为研究及渣膜制备方面，华北理工大学刘增勋教授、王杏娟教授、封孝信教授、沈毅教授给予了诸多帮助；渣膜析晶热力学和动力学模拟实验得到了华北理工大学李运刚教授、李杰教授的充分支持；连铸现场追踪调研及取样工作得到了唐钢、邯钢、首钢等多个钢厂领导及现场技术人员的热情协助，在此一并表示衷心的感谢！

　　本书内容涉及的有关研究获得国家自然科学基金面上项目（51774140）的资助。

　　由于作者水平所限，书中不妥之处，诚请广大读者批评指正。

作　者

2022 年 1 月

目　　录

1 绪 论

1.1 工艺矿物学简介

1.1.1 工艺矿物学的发展概况

工艺矿物学是提升资源综合利用水平过程中不可缺少的技术手段之一，同时在选冶生产、冶炼工艺和材料制造中也发挥着积极的作用。它的运用和发展贯穿于地质普查找矿、矿产资源评价、选冶工艺中有价元素走向规律研究、选冶企业流程考查、材料质量检查等从矿产资源评价到开发利用的整个过程。工艺矿物学是在工业生产和技术进步的有力推动下应运而生的，它的出现可以追溯到工业社会之初，甚至更早。20 世纪 40 年代后，随着实际资源的极大丰富，相邻基础学科与测试技术的进步，特别是概率论、数理统计和体视学的引进，光学显微镜、X 射线衍射、电子显微镜、电子（离子）探针的应用，使学者们有可能从理论体系、基础知识、研究方法、基本内容等方面进行系统的总结和论述，追寻工艺矿物学的学术发展方向，阐明它在社会发展和国民经济中的地位和作用。该学科的命名经历了不同的历程，美国、日本、德国等矿物学家曾提出使用"选矿矿物学""选矿矿石学""岩相学""工业岩石学"等名称，这是工艺矿物学的初期阶段。苏联学者 A. H. 金兹堡和 H. T. 亚历山大罗娃 1974 年发表《工艺矿物学——新的矿物学分支》一文则标志着工艺矿物学作为一门独立而成熟的技术科学稳步而成功地跨进了现代科学之林。从 20 世纪 70 年代中期至今，国外工艺矿物学研究发展迅速，已被广泛应用于矿物和矿物加工界，在矿产资源开发过程中起着重要作用。其研究思路是通过对矿山企业生产流程的工艺矿物学考察，找到矿山生产流程的缺陷，为其生产流程的优化提供方向，为矿山企业生产流程服务。工艺矿物学研究在国外被逐渐运用到工业实际生产中，并且已经取得了显著的效果。

我国在 20 世纪 50 年代开始工艺矿物研究工作，当时一般称为岩矿鉴定，但有别于地质系统的岩矿鉴定，主要是根据选矿的需求，进行人选矿石的矿物组成检测以及矿物在矿石中的嵌布粒度和磨矿产品解离度等检测工作。进入 20 世纪 70 年代，作为矿物学分支学科的工艺矿物学正式成立，在世界范围内开始了独立的学术交流活动，并在此后获得了明显的发展。为了使国内该学科各自分散的学术研究成果也能及时得到交流，1979 年召开的中国金属学会选矿专门委员会决定成立隶属于它的工艺矿物学学组，之后又于 1980 年在四川峨眉山召开了中国首届工艺矿物学学术交流会，会上明确了工艺矿物学的概念及其任务，自此国内该学科方向各种形式的学术交流活动持续不断。然而 20 世纪 90 年代我国矿业进入萧条期，致使国内工艺矿物学研究处于停滞状态，人才流失、设备废弃，仅有少数几家研究院仍保留着该专业。进入 21 世纪后，随着我国矿业界的回暖兴旺，工艺矿物学再度得到发展，许多矿山和研究院重新配备了技术力量和研究队伍，开发研究或引进国际先进检测设备，建设了一批现代化的工艺矿物学实验室，工艺矿物学研究水平再次得以迅速发展。

随着矿产资源不断开发利用，越来越多的低品位、复杂难选矿石和二次原料（尾矿和废渣等）的高效利用摆在矿冶工作者面前，需要进一步促进工艺矿物学研究与地质探矿、采矿、选矿、冶金以及材料加工等生产工艺更大程度地融合，使之从粗糙研究向精细研究转变，从单一为选冶服务转变为矿产资源整个生产流程服务。现代工艺矿物学发展趋势即是大型仪器和计算机结合的定量矿物学，将矿物的晶体化学、矿物物理学与工艺矿物学紧密结合，加强基础理论的研究和先进测试手段的应用，使这门学科广泛应用到选、冶、加工、矿物材料工艺学、宝石矿物、环保矿物材料等多方面研究。今后，工艺矿物学将朝着从实验室走向选冶企业并直接与选冶企业对接，进而对选矿冶金工艺流程考察，对矿石选冶整个过程进行诊断和分析，促进选冶企业的技术进步以及规范矿产资源的有序合理利用的方向发展。现代工艺矿物学的发展也必将成为促进我国经济发展的一种重要科学技术手段。

1.1.2 工艺矿物学的研究内容

根据研究对象和任务不同，工艺矿物学进一步分为选矿工艺矿物学和冶金工艺矿物学。

选矿工艺矿物学是一门介于矿物学与选矿工艺学之间的边缘学科，通过对天然矿石和矿石加工工艺过程产品（精矿、尾矿等）的物质组成、矿物嵌布粒度、镶嵌关系、有益有害元素的赋存状态等工艺特性及其与矿物分选内在联系的研究，为诠释选矿机理、制定选矿工艺方案和实现选矿过程优化提供矿物学依据。

选矿工艺矿物学主要研究内容如下所述。

（1）研究天然矿石的化学成分、矿物组成、含量、粒度及嵌布关系等结构构造特征，建立该矿石的工艺类型分类体系，查明矿石的工艺类型空间分布规律，并编制工艺地质填图，为选矿设计和生产提供科学的基础资料。

（2）研究矿石和选矿产品中各种矿物的工艺粒度和解离特性，探讨矿物粒度特性与矿物解离的关系等，系统分析矿石特性及其对矿物分选的影响和内在联系，为选矿方法的选择和破碎机理提供依据。

（3）研究矿石和选矿产品中有益元素和有害元素的赋存状态及其分配规律，以确定选矿选取的目的矿物和理论回收率。

冶金工艺矿物学是研究冶金矿石原料及冶金工艺产品（人造富矿、冶金炉渣及保护渣、耐火材料、陶瓷及铸石等）中矿物的化学成分、含量、晶粒大小、形貌、结构、工艺性质、形成条件和原料条件及其与冶金工艺产品质量之间相互关系的学科，是介于矿物学与冶金工艺学之间的一门边缘学科。本书内容着重论述冶金工艺矿物学。

冶金工艺矿物学主要研究内容如下所述。

（1）研究冶金矿石原料及其工艺产品中矿物的化学成分、含量、晶粒大小、形貌、结构、工艺性质等特征，并据以鉴定矿石原料中的矿物及冶金产品中的工艺矿物。

（2）研究冶金矿石原料及其工艺产品中有益有害元素的赋存状态和迁移规律，据以分析矿石原料特性对其冶金产品质量的影响，并提出矿石原料合理利用或综合利用的途径和工艺措施。

（3）研究冶金产品中矿物的工艺特性和形成条件与其质量或冶金性能、工艺条件和原料条件之间的相互依存关系，为提高冶金产品的质量和有关产品的综合利用水平，提出理论依据和有效的工艺措施。

1.1.3 工艺矿物学的检测分析方法

传统工艺矿物学采用光学显微镜微测法（透/反两用偏光显微镜、体视显微镜、金相显微镜等）、矿物分离法（重选、磁选、浮选、电选等）和化学物相分析计算法进行矿物定量检测，具体研究矿物（元素）的赋存状态，矿物的嵌布粒度特征、镶嵌关系等，为矿石的可处理性提供矿物学评价，并对矿山的生产流程进行矿物学考察与矿物学故障分析。但传统工艺矿物学的研究一直局限于为矿山的选矿流程提供宏观矿物学依据，落后的研究手段使一些伴生有用元素的赋存状态无法查明，许多贵金属元素的回收率一直很低，矿床的综合利用率无法提高。20世纪中期，随着现代科学技术的发展，近代物理学的晶体场理论、配位场理论、分子轨道理论、能带理论以及各种谱学检测手段、微束测试技术、计算机技术等的引入，使工艺矿物学不断完善，能够供人们利用的检测技术工具越来越多。例如，X射线衍射仪（XRD）可以用来定性分析矿物物相组成以及晶体结构的研究；扫描电子显微镜（SEM）可以用于观察测定矿物晶体形貌以及矿物表面和内部的结构特征研究等；X射线能谱仪（EDS）适于进行矿物元素成分的分析、化学键和电荷分布以及元素的不同价态的含量研究等；电子探针（EPMA）主要用于对矿物的化学成分进行定量分析；原子吸收光谱（AA）、原子荧光光谱（AF）、发射光谱（ES）、X射线荧光光谱（XRF）、电感耦合等离子体光谱（ICP）、极谱（POL）等光谱类分析仪可以用于检测矿物中的微量元素等。

激光剥蚀电感耦合等离子体质谱仪（LA-ICP-MS）是近年来快速发展起来的一项固体原位微区分析技术，与其他微区分析技术相比，其具有原位、实时、检测限低（10^{-6}）等多种优势。可对固体物质（如矿石微区、矿物颗粒、单个流体包裹体等）进行微区原位的化学成分分析测试，在岩石矿物等样品的微区痕量元素分析中得到了广泛的应用。

基于扫描电镜的矿物自动分析仪的出现和应用，是近年来工艺矿物学领域取得的又一大成就。其核心技术是采用扫描电子显微镜图像分析技术与能谱定量测定技术，建立工艺矿物学数学模型，通过能谱仪对矿物元素的定量测定，从矿物数据库中确定待测样品矿物组合和关系，实现对矿物自动鉴定和数量的统计，可大幅度缩减有关工艺矿物学参数测定的时间。目前，已经商业化的产品主要有扫描电子显微镜矿物定量评估系统（QSMSCAN）、矿物单体解离度分析仪（MLA）以及高级矿物鉴定和表征系统（AMICS）。这三套系统都主要由不同型号的扫描电镜、X射线能谱及其相应的矿物自动识别和数据处理软件组成，均可以自动测定矿物解离度、矿物嵌布粒度、矿物相对含量等参数。

工艺矿物学研究的发展越来越趋向于自动化的检测分析，从研究人员利用光学显微镜、人工滴定的化学分析到采用多种分析手段进行分析研究，到现在仅用1台矿物自动分析仪就可以完成对矿石所有性质的分析检测，现代工艺矿物学研究的进步离不开分析检测技术的发展。目前基于扫描电镜的自动识别与测量仪器已经商业化，特别是在稀贵金属的赋存状态研究方面取得了许多重要的成果，虽然已经实现矿物识别与测量的自动化，但在工作效率及测试准确度方面还需要进一步提高和完善；同时，还应该关注基于其他测试手段（例如光学显微镜）的自动识别与测量新仪器的研发，以适应不同对象的研究需求。随着X射线显微CT的研究成功，已经能够实现对物料的三维表征；CT三维体视技术已经在材料科学领域得到广泛的应用，应该加强其在工艺矿物学研究中的应用。若能实现对矿物CT图像的自动识别，将彻底改变目前只能在线、面（即二维）的层面上来进行工艺矿物学参数测量的局面，由三维立体测量的数据以及计算的结果更能真实反映矿物本身的实际特征，结果更加准确，这将会给工艺矿物学研究带来革命性的改变。

1.2　连铸结晶器保护渣概述

1.2.1　保护渣的功能作用

连铸结晶器保护渣是炼钢连铸过程中的功能辅助性材料，但它对连铸的顺行和铸坯的质量有着极其重要的作用。结晶器内使用保护渣，主要是控制钢液环境、保证铸坯润滑，以求得到表面质量好的铸坯，而保护渣使用性能的满足则是下述五个功能共同作用的结果。

1.2.1.1 隔绝空气防止钢液二次氧化

中间包注流进入结晶器，由于注流的冲击作用，使结晶器内金属的表面不断更新。为此，在结晶器内高温钢液面上加入低熔点的保护渣，会迅速形成原渣层、烧结层和液渣层三层结构，并均匀地覆盖整个钢液面，将空气与钢液隔开，有效阻止空气中的氧、氮进入钢液中，避免钢液中合金元素的氧化，同时也可保证钢水的洁净。通常结晶器内液渣层厚度为 10~20mm，在液面稳定、水口插入深度合理的情况下，保护渣能起到很好的隔绝空气的作用。

1.2.1.2 绝热保温减少钢液热损失

向结晶器内高温钢液面加入保护渣，由于三层结构的出现，可减少钢水的辐射热损失，降低钢水的过热度，起到绝热、保温的作用。连铸保护渣具有良好的绝热保温性能，能有效防止结晶器内液面结壳（冷皮和夹渣）；可提高钢液在结晶器弯月面温度，减少渣圈的生成或过分长大；同时，在浸入式水口外壁覆盖一层渣膜，还可以减少和防止水口相应位置的凝钢集聚。现代连铸生产对保护渣绝热保温性能的要求包括两个方面：其一，渣层达到稳定传热状态所需的加热时间要短；其二，稳定传热状态下渣层中的温度梯度要大。因此，控制较低的堆积密度和适宜的熔化温度、熔化速度是保证保护渣绝热保温的关键。

1.2.1.3 吸收和溶解非金属夹杂物

进入结晶器的钢液会不可避免地带入非金属夹杂物，此外结晶器内铸坯相穴内上浮到钢液弯月面的夹杂物也有可能被卷入坯壳形成表面和皮下夹杂缺陷。因此，保护渣熔化形成的液渣层应具有吸收和同化钢液中上浮的非金属夹杂的能力。从热力学的观点来看，硅酸盐渣系能吸收和熔解此类非金属夹杂物，但其熔解速度受到许多因素的影响，研究表明，低黏度、高碱度、低 Al_2O_3 和高 CaF_2 及 Na_2O 的保护渣对吸收夹杂有利。此外，为避免保护渣吸收夹杂后的物性产生较大的变化，可以采用加入 MgO、BaO，降低二元碱度（CaO/SiO_2），提高综合碱度，以及加入 Li_2O 等多种熔剂的技术。

1.2.1.4 控制传热的速度和传热均匀性

冶金工作者在应用保护渣时认识到渣膜具有控制铸坯向结晶器传热的功能。在不使用保护渣的条件下，结晶器上部由于坯壳与结晶器壁接触，坯壳冷却速度大；而结晶器下部由于坯壳的收缩产生了气隙，致使热阻增加，导出的热量减少，传热不均。保护渣熔化形成的液渣，若能均匀流入结晶器壁与凝固坯壳间，形成均匀的渣膜，就可以减小上部的传热速率，加大下部传热速率，从而改善传热的均匀性，提高铸坯质量。熔渣流入结晶器和铸坯之间形成的渣膜能有效控制传热速率。近年来的研究表明，通过保护渣成分的调整，使形成的渣膜厚度、结晶率对传热速度及均匀性的控制与浇注钢种相匹配，可以避免造成表面纵裂纹缺陷。

1.2.1.5 改善铸坯与结晶器壁之间的润滑

保护渣熔化流入结晶器壁与凝固坯壳间形成的渣膜可起到润滑剂的作用，减少拉坯阻力，防止坯壳与结晶器壁黏结。随着拉速的不断提高，因结晶器振动频率提高使得保护渣难以流入铸坯与结晶器间的通道，保护渣消耗量减少，拉坯摩擦阻力增加，易引起漏钢事故。此外，摩擦力的增加还会引起纵裂指数的上升，渣膜的润滑作用越来越重要，已成为连铸生产中必须解决的主要问题。在保护渣配方设计中控制保护渣有较厚的液渣膜，是保证保护渣润滑性能的关键。为了充分发挥润滑作用，需要保证铸坯与结晶器壁间足够的液渣膜厚度，并且要具有玻璃态的性能，不应有过多高熔点晶体析出。

结晶器内保护渣的行为示意图如图 1-1 所示。

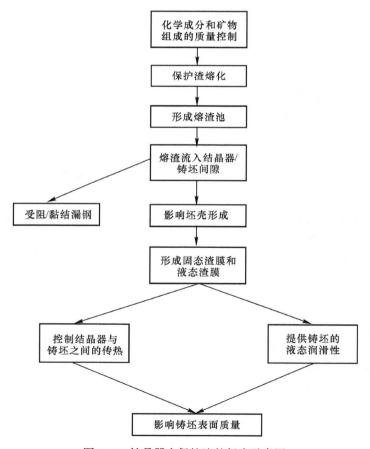

图 1-1　结晶器内保护渣的行为示意图

1.2.2 保护渣的物质组成

1.2.2.1 保护渣的化学成分

连铸结晶器保护渣是以 $CaO - SiO_2 - Al_2O_3$ 为基料，加入一定量的 Na_2O、CaF_2、Li_2O 等熔剂，并配入碳质材料的一种硅酸盐材料。保护渣具有什么样的特性很大程度上取决于保护渣的组成。保护渣中的化学成分主要有 CaO、SiO_2、Al_2O_3、CaF_2、Na_2O、Li_2O、MgO、MnO、BaO、B_2O_3 等，成分大致范围见表1-1。其中 CaO/SiO_2 为保护渣的碱度（$CaO+SiO_2 = 60\% \sim 70\%$）；氟化物、碱金属氧化物、碱土金属氧化物、过渡族金属氧化物等作为保护渣的熔剂，有调节保护渣碱度、熔化温度、黏度等的作用。

表1-1 连铸结晶器保护渣的化学成分范围 （%）

成分	含量（质量分数）	成分	含量（质量分数）	成分	含量（质量分数）
CaO	$25 \sim 45$	Na_2O	$1 \sim 20$	BaO	$0 \sim 10$
SiO_2	$20 \sim 50$	K_2O	$0 \sim 5$	Li_2O	$0 \sim 4$
Al_2O_3	$0 \sim 10$	FeO	$0 \sim 6$	B_2O_3	$0 \sim 10$
TiO_2	$0 \sim 5$	MgO	$0 \sim 10$	F^-	$4 \sim 10$
C	$1 \sim 25$	MnO	$0 \sim 10$	CaO/SiO_2	$0.5 \sim 1.5$

大量研究表明，通过改变化学成分的含量（质量分数）可以调控渣膜的结构，从而改善渣膜的润滑和传热，提高铸坯质量。例如，提高保护渣碱度，可改善其吸收和溶解钢中夹杂物的动力学条件，有利于吸收夹杂物；但碱度过高，熔渣中易析出钙铝黄长石（$2CaO \cdot Al_2O_3 \cdot SiO_2$）、枪晶石（$3CaO \cdot 2SiO_2 \cdot CaF_2$）等高熔点物质，使熔渣的析晶温度和析晶能力增高，恶化保护渣的玻璃化特性，破坏熔渣在结晶器的均匀润滑和传热性能，引起铸坯缺陷甚至拉漏。Al_2O_3 能抑制枪晶石的析出，有利于霞石的析出，使保护渣的结晶化率降低，但 Al_2O_3 含量（质量分数）过多易形成钙长石，使熔点升高，对润滑不利；Al_2O_3 含量（质量分数）主要影响黄长石结晶程度，熔渣中随着 Al_2O_3 含量（质量分数）的增加，黄长石结晶越来越好，晶粒越来越大。Na_2O、CaF_2 可用作助熔剂来降低保护渣黏度和熔点，但熔渣中 Na_2O 含量（质量分数）过高会析出霞石（$Na_2O \cdot Al_2O_3 \cdot SiO_2$），不利于结晶器润滑，所以 Na_2O 一般控制在10%以下；大量的 CaF_2 会引起枪晶石等高熔点物质析出，破坏熔渣的玻璃性，使润滑条件严重恶化。BaO、MgO、MnO、Li_2O、B_2O_3 均可使结晶化率降低，增大玻璃化倾向。

1.2.2.2 保护渣的矿物成分

用于连铸保护渣的原料种类繁多，按其构成材料的功能主要由基料、熔剂和炭质材料三大部分组成。基料常用的有碱性材料（如水泥熟料、硅灰石、高炉渣等）和酸性材料（如石英砂、玻璃粉、硅石粉等）两大类；熔剂在保护渣中的主要作用是调节保护渣的熔点、黏度等物理性能，常用的熔剂有萤石、纯碱、冰晶石、硼砂等；炭质材料常用的有石墨类、炭黑类及焦炭粉等，对调节保护渣熔速、控制结晶器内液渣层厚度、改善铺展性和固态渣的隔热保温功能等有决定性的影响。含有保护渣所需组分的常见原料见表1-2。

表1-2 含有保护渣相关组分的原料

组分名称	含有该组分的原料名称
CaO	水泥熟料、硅灰石、高炉渣、方解石、白云石、石灰石
SiO_2	石英砂、硅石、海沙、硅灰石、玻璃粉、电厂灰、黏土
Al_2O_3	钠长石、钾长石、黏土、工业氧化铝、赤泥
Na_2O	纯碱、冰晶石、玻璃粉、固体水玻璃、氟化钠
CaF_2	萤石、冰晶石
MgO	镁砂、菱镁矿、白云石
B_2O_3	硼砂、硼泥
Li_2O	碳酸锂、锂辉石、锂云母
BaO	碳酸钡、重晶石
C	焦炭、石墨、炭黑等

目前，连铸保护渣使用的原材料无统一标准，多数原材料是根据保护渣生产厂各自情况选用的。因此，即使相同种类的原材料，其成分、性能等都有很大差异。随着连铸技术的发展和完善，对保护渣提出了很高的要求，如对保护渣的化学成分及物化性能等不仅要求控制准确，还要求波动范围小。由于工业矿物原材料对保护渣的性能和稳定性以及加工性能有着很大影响，因此，要求对保护渣使用的原材料必须严格选择，一般应遵循以下原则：

（1）矿物原材料的成分应当稳定；

（2）矿物原材料来源广泛，价格低廉；

（3）在保护渣使用过程中，不应释放出有害物质而污染环境；

（4）矿物原材料中有害物质含量（质量分数）应尽可能少，特别是赋存 Al_2O_3、Fe_2O_3 和 S 的物质组分；

（5）在保护渣的原料中，每种矿物原料的含量（质量分数）不应大于原料混合物总量的 40%~50%。

由于硅酸盐是地球上最廉价并且资源最丰富的物质，当前国内外使用的保护渣仍然是以 SiO_2-CaO-Al_2O_3 硅酸盐为基础的渣系应用最为普遍。从图1-2 三元相图中可以看出，选定的保护渣基料是以 CaO·SiO_2 形态存在的区域。在这个区域内的保护渣基料组成范围较宽，CaO 含量大致为 30%~50%，SiO_2 含量为

45%~65%，Al_2O_3 含量不大于 20%，其熔点为 1300~1500℃。另外，通过添加纯碱、萤石等助熔剂来降低熔点，以满足保护渣所需的熔点（为 1050~1100℃），同时还可以用来调节黏度。

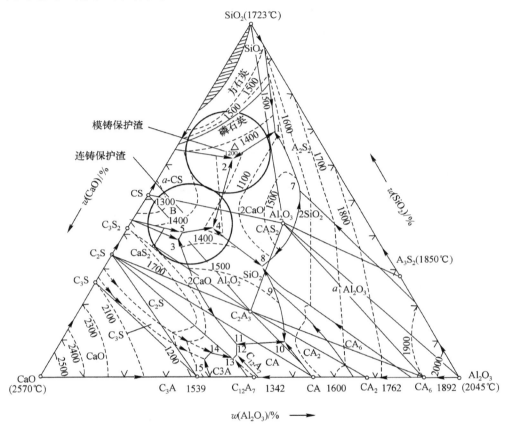

图 1-2　SiO_2-CaO-Al_2O_3 渣系相图

配制保护渣，应利用已知的 SiO_2-CaO-Al_2O_3 渣系相平衡状态图和渣结构的基本规律，并结合经验和工艺条件的要求，设计合理的基础渣成分。目前，还未建立起保护渣组成与各性能之间的精确数理模型，针对保护渣基料和熔剂等成分的设计，很大程度依靠试验进行调整。通常，确定保护渣组成应考虑各组分对熔点、黏度、熔速、吸收夹杂能力、玻璃化特性及结晶性能等的影响。

1.2.3　保护渣的物理性能

连铸保护渣各种冶金功能的实现是由保护渣的各种物理化学特性决定的。而连铸生产工艺对保护渣理化性能有着严格的要求，不同的钢种、铸机参数、拉速、结晶器断面对保护渣的要求不同，与此同时保护渣的理化性能的变化对铸坯质量和连铸顺行有着至关重要的影响。因此，保护渣的理化性能长期以来也一直受到冶金工作者的重视，并进行了大量的研究。

1.2.3.1　熔化性能

保护渣是一种混合物，没有固定的熔点，一般利用半球点法测定保护渣柱熔化达到半球形状时的温度作为保护渣的熔点。对于保护渣来说选择合适的熔化温度是非常重要的，对铸坯表面质量和连铸工艺都有很大的影响。熔化温度与熔化速度、熔渣层厚度、渣膜厚度、液渣析晶温度、消耗量及润滑状况等有密切相关，而这些性能选择是否得当对铸坯表面质量有着很大影响；同时熔点不合适时，可能会导致液渣层过薄，严重时引发漏钢事故。在连铸过程中，保护渣的熔化温度对结晶器内钢液表面上液渣层的厚度和结晶器与坯壳之间的渣膜厚度及结晶器的传热效果也有影响，进而影响着坯壳表面的质量。

根据钢种的特点，高碳钢和低碳钢一般要求低熔点的保护渣，以迅速形成液态渣膜，保证良好的润滑性能；而中碳钢要求保护渣熔点较高。保护渣熔化温度一般控制在 1000~1200℃，低碳钢和高碳钢一般要求取下限，中碳包晶钢保护渣取上限。调整熔剂的种类和含量可以改变保护渣的熔化温度，常见组分对保护渣熔化温度的影响规律如图 1-3 所示。

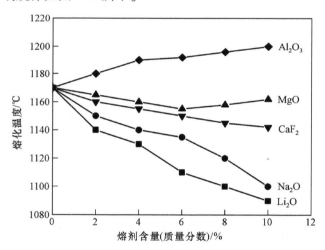

图 1-3　常见组分对保护渣熔点的影响

熔化速度是评价结晶器内保护渣供应液渣能力的重要参数，是控制渣层厚度、渣耗量、渣膜均匀性的主要手段，对保护渣的使用效果有显著影响。适当的熔化速度及良好的铺展性能，可以保证保护渣在钢液面上形成一定厚度的熔渣层与粉渣层，从而防止钢水氧化和更多的热损失；并能及时吸收、熔化浮于钢液面上的非金属夹杂；还可使熔渣均匀地流入铸坯与结晶器之间，均匀润滑结晶器壁，使铸坯坯壳与结晶器壁之间达到最佳传热状态。

不同的连铸条件对于熔化速度有着不同的要求，如高速连铸保护渣应具有较快的熔化速度以维持足够的熔渣层厚度，满足填充到结晶器与坯壳间渣膜消耗量的需要，其值一般要求在 0.3kg/m² 以上。但保护渣的熔化速度并非越快越好，保护渣熔化速度过快，则熔渣裸露在大气中，热损失增大，易在熔渣面形成烧结块粒，还容易刺激渣圈的长大及钢水在弯月面处的凝固，极易导致铸坯表面夹渣；同时由于熔渣层过厚使渣膜厚度和结晶器内传热不均匀，导致铸坯表面纵裂的产生。反之，如果保护渣熔速过低，则不能在弯月面上形成一定厚度的熔渣层，流入结晶器与铸坯之间的液态渣膜厚度不够，会不利于铸坯润滑，严重时甚至会造成漏钢事故。

1.2.3.2 流动性能

黏度是决定结晶器内保护渣消耗量和均匀流入的重要性能之一，它直接关系到液态保护渣在弯月面区域的行为。由于浇注时保护渣熔渣可流入结晶器与坯壳之间形成液态渣膜，所以合适黏度的保护渣可使渣膜具有一定厚度并均匀铺展，从而达到改善铸坯的润滑和稳定传热的作用。黏度太高会使保护渣熔渣流过弯月面不畅易形成渣条，使渣耗过低且液态渣膜分布不均，致使渣的流动性差、润滑功能不良。而低黏度的保护渣可以吸收更多的 Al_2O_3 增加液渣膜厚度，减小结晶器与铸坯之间的摩擦力，增大导热系数，提高传热效果；但黏度太低又会使结晶器与坯壳之间形成的渣膜较厚且不均匀，会导致结晶器内传热不均，铸坯表面易产生裂纹。

保护渣属硅酸盐熔体结构，在其网络结构中硅氧骨干以孤立四面体、双四面体、孤立环状和连续链状为主。保护渣的黏度取决于保护渣的化学组成和温度。Al_2O_3、SiO_2 作为网络形成体可以起到稳定硅酸盐网络结构的作用，其含量（质量分数）的增加会使保护渣的黏度增加；而加入 CaF_2、Na_2O、BaO、B_2O_3、Li_2O、MgO 等助熔剂能破坏硅酸盐网络结构，这些熔剂含量（质量分数）的增加可以降低保护渣的黏度。常见组分对保护渣黏度的影响如图1-4所示。

保护渣黏度的确定主要是根据 $\eta Vc = 0.1 \sim 0.35$ 的经验式，n 为黏度，Vc 为浇注钢种拉速。但是必须考虑到各类钢种的特点：高碳钢、低碳钢一般取下限；中碳钢、包晶钢一般取上限。这是因为：低碳钢、高碳钢流动性、导热性好，浇注此类钢时拉速较大；但钢液在高温时收缩量小保护渣流入较差，浇铸中常发生黏结漏钢的事故，因此，对于低碳钢、高碳钢来说，应选用熔化温度、黏度较低，玻璃性好，结晶温度低的保护渣，以提供足够的液渣供应和润滑能力；而中碳钢、包晶钢由于本身的凝固特性，坯壳局部易传热不均，铸坯表面纵裂纹现象尤其突出，用于这类钢种的保护渣主要任务在于降低传热强度，限制结晶器内的热流传递，因此，用于中碳钢、包晶钢薄板坯连铸生产的保护渣的黏度一般应较高些，见表1-3。

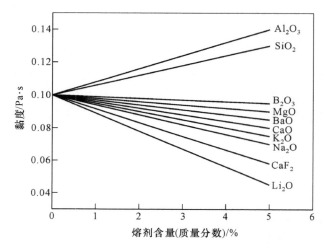

图 1-4　常见组分对保护渣黏度的影响

表 1-3　保护渣黏度和熔点范围

区别	高碳钢	中碳钢	包晶钢	低碳钢
黏度/Pa·s	0.10±0.03	0.10±0.03	0.16±0.03	0.12±0.03
熔点/℃	1090±20	1110±20	1150±20	1080±20

1.2.3.3　结晶性能

连铸保护渣结晶性能对调控结晶器与坯壳之间的润滑与传热、稳定连铸工艺以及保证铸坯质量都有重要的影响。结晶性能主要包括结晶温度、结晶矿相以及结晶率，是控制结晶器和铸坯之间传热的重要参数，可以用来衡量保护渣传热能力。结晶温度是在一定的冷却速率下，采用差热分析法测定液态保护渣冷凝曲线的放热峰对应的温度，也可定义为液态保护渣在一定降温速率条件下开始析出晶体的温度；结晶矿相为保护渣熔渣在冷却过程中析出晶体的类型；结晶率是指在固态渣膜中析出晶体相所占的百分比。

对于中碳钢（包晶钢）此类裂纹敏感性钢种，在钢水冷却凝固过程中会发生包晶反应，坯壳收缩量大、局部应力集中，容易出现裂纹等影响铸坯表面质量的缺陷。保证传热均匀性是避免裂纹产生的关键所在，如果不能很好地控制传热的均匀性将使铸坯质量大受影响。为此，在设计此类钢种的保护渣时，重点应放在控制从铸坯到结晶器壁的传热上，限制通过结晶器壁的热流量；应当选择结晶倾向大的保护渣，即渣膜结晶率高，利用结晶质膜中的"气隙"，使结晶器内的传热速度减缓，有助于减小铸坯在冷却过程中产生的热应力，可显著减少铸坯纵裂纹，中碳钢保护渣渣膜结晶率与铸坯表面纵裂发生率对应关系如图 1-5 所示。

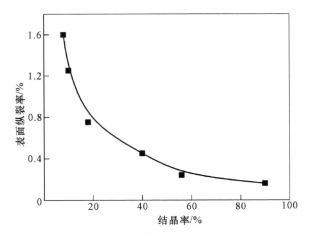

图1-5 结晶器内保护渣及渣膜结构图

有研究表明，不同钢种所用的保护渣渣膜的结晶率不同，当保护渣的碱度在1.1时，中碳钢连铸低氟保护渣渣膜结晶率在80%左右，包晶钢保护渣的结晶率在75%左右；当碱度高达1.2以上时，固态渣膜基本上可以形成100%的晶体质渣膜。为了保证结晶器内良好的传热效果，在中碳钢和包晶钢实际生产中，保护渣的碱度一般应控制在1.1以上，使固态渣膜达到70%以上的结晶率；同时当保护渣碱度、结晶温度过高时，渣膜中又容易析出枪晶石、霞石等高熔点、摩擦力大的结晶矿物，严重恶化铸坯润滑状况，因此，为了保证其润滑性可加入适量的助熔剂，但应尽量少加入 MgO、MnO、BaO 这些对结晶性能有显著降低作用的物质。常见组分对保护渣结晶温度的影响如图1-6所示。

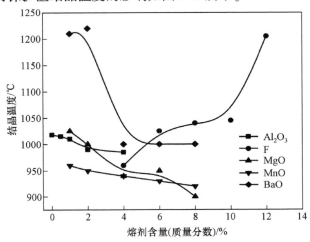

图1-6 常见组分对保护渣结晶温度的影响

1.2.4　渣膜的形成及性状

在正常连铸生产过程中，由于结晶器的振动和黏滞力的作用，钢水表面熔化的保护渣随着结晶器周期振动，不断从弯月面处流入结晶器与铸坯之间的缝隙中，从而形成渣膜，如图 1-7 所示。保护渣流入缝隙中形成的渣膜又分为液态渣膜和固态渣膜，固态渣膜和液态渣膜对于控制铸坯润滑和传热意义重大。其中液态渣膜主要发挥控制铸坯润滑功能；固态渣膜在形成过程中不断有晶体析出，由于体积收缩使得形成的固态渣膜中有许多晶体间隙，从而增加了保护渣的传热热阻，达到控制从钢液到结晶器的传热的效果。

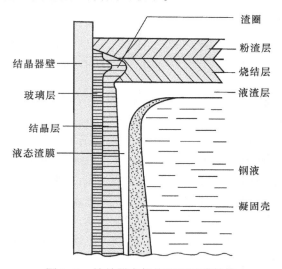

图 1-7　结晶器内保护渣及渣膜结构

保护渣渣膜在结晶器壁与坯壳之间主要起到润滑和控制传热的作用，而渣膜层状结构、矿相组成的不同是决定其润滑和传热功能不同的主要影响因素。国内外许多学者对渣膜在结晶器内的分布状态、凝固过程、析出晶体类型及含量（质量分数）等方面做了大量的研究。

1.2.4.1　渣膜的层状结构

目前一般认为渣膜主要呈三层结构，靠近坯壳侧为液态，靠近结晶器壁侧为固态，固态渣膜又分为靠近结晶器侧的玻璃相与靠近液态渣膜的结晶相。国外学者对渣膜研究结果表明，渣膜呈两层结构，固态层和靠坯壳一侧的液态层。渣膜厚度方向上有结晶层与玻璃层之分，且结晶层内有结晶粒度的差别。也有学者对渣膜的显微结构及矿物成分进行了研究，发现固态渣膜也具有三层结构，两层为结晶层，中间为玻璃层；靠近结晶器壁一侧的晶体为等轴晶体，靠近铸坯一侧的晶体为树枝状晶体。

国内学者对渣膜研究认为，高温熔渣流入结晶器与坯壳间缝隙内，靠结晶器壁一侧因急冷应当形成固态渣膜，固态渣膜中靠结晶器一侧为玻璃层，另一侧为结晶层，固态渣膜可调节铸坯向结晶器的热量传递，减少热量传递并促进传热均匀性，防止铸坯表面出现裂纹。液渣在弯月面流入过程中，靠近铸坯一侧由于高温作用仍保持液态，液渣层在结晶器与坯壳之间起到润滑作用，防止黏结现象的出现。

1.2.4.2 渣膜的矿物组成

采用偏光显微镜对保护渣渣膜的结晶矿相进行研究，结果发现保护渣渣膜的结晶矿相主要有枪晶石、硅灰石、黄长石，个别渣样有霞石、萤石、橄榄石等。保护渣渣膜结晶相中析出的枪晶石晶体发育完好时呈板状、矛头状、树枝状、细条状和粒状；硅灰石晶体发育完好时常呈柱状、针状、树枝状或放射状集合体；黄长石晶体呈编织状、板状、短柱状、骸晶状或粒状。研究发现不同温度条件下渣膜会形成不同的结晶相：1048℃以下主要形成以枪晶石为主的结晶相，1053～1190℃范围内主要形成以硅酸二钙为主的结晶相。有学者还研究了不同钢种的保护渣渣膜矿相组成，结果表明低碳钢保护渣渣膜以玻璃相为主，中碳钢保护渣渣膜以结晶相为主，结晶矿物主要为枪晶石；并且在中碳钢板坯保护渣渣膜的研究中发现，通过改变保护渣物质组成提高枪晶石在结晶相中的比例，可以有效减少铸坯表面纵裂纹的产生。

1.2.5 保护渣与铸坯质量

铸坯表面质量缺陷主要有纵裂纹、黏结漏钢、皮下夹渣、深振痕、星形裂纹和表面凹陷等，其中表面纵裂纹、黏结漏钢尤为突出。连铸过程中，保护渣的加入起着至关重要的作用，铸坯质量与连铸保护渣之间紧密相关。

1.2.5.1 纵裂纹

连铸坯表面纵裂纹的产生与结晶器壁和铸坯坯壳间的传热情况密切相关。当结晶器壁与坯壳间的传热过快或出现不均匀导热现象时，便会出现热应力相对集中的情况，导致铸坯表面产生纵裂纹。

表面纵裂纹有因纵向凹陷而产生的粗大纵裂纹或是浇铸裂纹敏感性钢种而出现的较浅的表面纵裂。表面纵裂纹产生的原因主要来源于连铸结晶器内：钢水的含碳量（质量分数）在 0.06%～0.18%之间的钢种易发生包晶反应，造成坯壳纵裂纹的出现；保护渣渣膜的厚度分布不够均匀，引起凝固坯壳较薄处出现应力集中，造成裂纹出现；保护渣黏度过低，造成熔渣层增厚，渣膜厚度过大易引起传热不良而发生纵裂；液渣层厚度在 6mm 之下时，易导致液态渣膜润滑不良并且有时还会导致凝固坯壳纵裂出现。

保护渣热流密度也是关系铸坯表面纵裂纹是否发生的重要参数。当保护渣热流密度值高于临界值后，会显著增大纵裂的发生率，如图 1-8 所示。低碳钢连铸时需将结晶器内热流密度保持在 3.0MW/m² 内，包晶钢应控制在 2.0MW/m² 之下，可有效避免裂纹的产生。增大碱度，即升高保护渣的凝固温度 T_s 或析晶温度 T_c，可使渣膜热阻增大，减小铸坯通过渣膜传向结晶器壁的热流，利于实现铸坯缓冷，降低铸坯的裂纹指数。

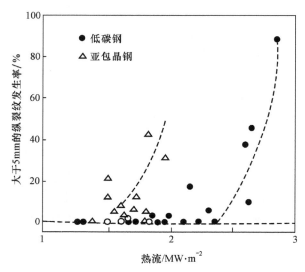

图 1-8 热流与纵裂纹的关系

1.2.5.2 黏结漏钢

黏结漏钢是钢种浇注过程中发生的最为恶劣的生产事故，它不但影响到铸坯正常生产和设备寿命，还会对连铸厂带来巨大的经济损失。发生黏结漏钢的原因主要有：（1）结晶器保护渣 Al_2O_3 含量（质量分数）高、黏度大、液面结壳等，使渣子流动性差，不易流入坯壳与结晶器之间形成液态渣膜，对铸坯的润滑不利；（2）异常情况下的高拉速，如液面波动时的高拉速，钢水温度较低时的高拉速；（3）结晶器液面波动过大，如吹氩量过大，浸入式水口堵塞，水口偏流严重，更换钢包时水口凝结等会引起液面波动。

通常结晶器与铸坯之间液态渣膜的润滑性能不良是导致黏结性漏钢事故发生的首要因素。选用合适的保护渣保证其顺利沿结晶器壁流入并发挥良好的润滑效果，是预防黏结漏钢缺陷产生的最强有力的措施，这就需保护渣具备较低的黏度和凝固温度。但保护渣黏度和凝固温度低又会加剧渣膜的玻璃化趋势，致使渣膜导热热阻变小，结晶器内的传热热流增大，铸坯表面纵裂纹发生率增高，如图 1-9所示。因此，保护渣的凝固温度应控制在合理的范围内，以防止铸坯纵裂纹和黏结漏钢的产生。

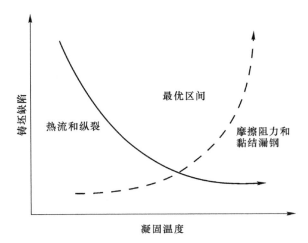

图 1-9　避免纵裂纹和黏结漏钢的保护渣凝固温度区间

1.2.5.3　夹渣

表面夹渣也称皮下夹渣，是指于铸坯表皮下 2~10mm 处嵌有大体积渣子，铸坯表面夹渣的存在关系着钢材的成材率。随结晶器振动和拉坯运动的进行钢液面发生波动，少量保护渣会随着浇注过程卷进结晶器内产生皮下夹渣，此外钢液在凝固坯壳处捕获保护渣也会产生夹渣现象，此类事故对表面张力小的保护渣来说更易发生。剥离性能差的保护渣不易分离，在铸坯上会出现大规模的夹渣现象，有的渣卷进结晶器后在浇注过程中没有及时剥离会留一部分残存在铸坯产品上形成缺陷。

有时铸坯夹渣还会引起拉漏事故。钢的导热率高于所夹渣子，导致夹渣处坯壳生长速率缓慢，凝固坯壳薄，易引起拉漏。由于连铸过程中铸坯发生夹渣的根本原因是结晶器钢渣界面不稳定造成的，因此在保证工艺条件稳定的情况下，应选用可稳定控制好渣层厚度且具有优良性能的保护渣进行浇注，以避免铸坯表面夹渣质量问题的发生。

1.2.5.4　振痕

振痕是在铸坯表面形成的有规律间隔的凹陷，它是连铸坯特有的表面现象。有关振痕形成的原因可归结为弯月面初凝坯壳受到结晶器往复振动产生的周期性机械力，以及由结晶器内渣膜控制的传热综合作用的结果。铸坯振痕深度受到结晶器弯月面处形成的渣圈影响，渣圈发育好、表面粗糙度大容易产生较深的振痕，可以通过使用低黏度保护渣以形成较薄的坯壳和结晶器内较强的横向传热，从而将坯壳的变形程度降到最小。通过适当增加钢水表面保护渣粉渣层厚度，降低烧结层厚度，可以减小坯壳的纵向传热和振痕深度。

1.2.5.5 星形裂纹

铸坯表面的星形裂纹与坯壳上表面的铜富集和选用的保护渣性能有关。铜在钢水中偏析，容易富集在液相中阻止钢水固相晶界的形成，导致初凝固的坯壳表面晶界周围有星状裂纹的出现。当连铸过程中选用的保护渣具有过大的熔化温度、过小的熔化速度或保护渣熔化后在结晶器内形成的液态渣膜润滑性能不良时均可能引发星形裂纹。

1.2.5.6 表面凹陷

连铸坯表面凹陷有纵向凹陷、角部凹陷、横向凹陷和线状凹陷等，铸坯表面凹陷主要与凝固初期坯壳的不均匀生长和保护渣渣条的大量卷入密切有关。连铸过程中选用的保护渣具有与浇注钢种适宜的物化参数是防止或杜绝铸坯表面凹陷的最有力手段。一般而言，保护渣的润滑效果良好、浇注中渣耗量适宜，能够大大降低铸坯表面凹陷的发生率。

2 保护渣及渣膜常见矿物鉴定特征

2.1 石英 SiO_2（quartz）

化学组成 纯石英中 SiO_2 含量（质量分数）可达100%，但一般均含有少量的其他氧化物。这是由于石英（特别是 α-石英）常含有固态、液态、气态包裹体的关系，其中固态包裹体常见的有金红石、电气石、阳起石、矽线石、磷灰石、锆石、磁铁矿等，因此石英中可含有痕量的 Fe、Mg、Al、K、Na、Ca、Zr 等元素；此外还含有 CO_2、H_2O、NaCl、KCl、$CaCO_3$ 等（呈液态或气态包裹体形式）。

结晶特点 石英有两种变体：一种为低温变体，即 α-石英；另一种为高温变体，即 β-石英，在常压下二者转变温度为573℃。α-石英属三方晶系，$N_o =$ 1.544，$N_e = 1.553$，$(+)N_e - N_o = 0.009$；晶形为柱面和棱面的聚形，呈长柱状。β-石英属六方晶系，$N_o = 1.5329$，$N_e = 1.5405$，$(+)N_e - N_o = 0.008$；晶形为六方双锥，柱面很短，薄片中常呈近六边形。在岩石中，石英更常见的是他形粒状，现在自然界所见石英全为 α-石英，即使原先结晶初时为 β-石英，也已转变为 α-石英，但常保留其外形，因此往往在一些火山岩中虽见到 β-石英的完好自形晶，实际已转变为 α-石英（统称石英），其转变过程常使晶体发生破裂。脉石英和由硅化作用形成的石英形态多为柱粒状、粒状和板条状，见图2-1。在糜棱岩中的石英被拔丝拉长，并常见丝带状石英、矩形石英等，在砂岩中的碎屑石英周围有时见次生加大边。石英无解理。

光学特征

颜色。薄片中无色透明表面光滑，若晶体中包裹体多时表面混浊。

突起。正低突起。

双晶。薄片中见不到双晶。

干涉色。折射率略高于树胶。最高干涉色为一级黄白色。

消光类型。柱状切面具平行消光，受应力作用常出现波状消光。

延性符号。正延性。

轴性光性。一轴晶正光性，有时还可出现光性异常，变为二轴晶，$(+)2V = 8° \sim 12°$。在薄片较厚时还可见石英的旋光性。

主要鉴别特征 根据石英的正低突起、不易风化、无解理、表面光滑、一级黄白干涉色和一轴晶正光性，不难与长石、霞石区别。在有些岩石中钠长石呈糖粒状、无色透明、见不到双晶时，这时最易误认为石英，二者区别可根据石英为正低突起、一轴晶，钠长石为负低突起、有解理、二轴晶。

图 2-1 保护渣原料中的石英鉴定特征
（a）他形粒状石英 透（+）×25；（b）板条状石英 透（+）×25

扫一扫
查看彩图

产状及其他 石英是地壳中分布很广的矿物之一，产于大多数的各种火成岩、沉积岩和变质岩中。石英在工业上具有多种用途，如制造各种光学仪器，广泛应用于电子、超声波技术上；一般纯净石英也可作玻璃、陶瓷和保护渣的原料。

2.2 萤石 CaF_2（fluorite）

化学组成 萤石又名氟石，大多数萤石中 CaF_2 质量分数在99%以上，仅含少量 Si 或 Al、Mg 等杂质。在少数情况下 Ca 可被 Y^{3+} 或 Ce^{3+} 代替。含 YF_3 较高（可达10%~20%，甚至50%）的萤石变种称为钇萤石；含 CeF_3 较高者（CeF_3 可达55%）称为铈萤石；钇萤石和铈萤石的混晶称为铈钇石，或称稀土萤石。

结晶特点 等轴晶系，$N = 1.43 \sim 1.435$，$H = 4$，$D = 3.18$。晶体呈立方体或八面体，前者产生在低温条件；后者较少见，在高温条件下产生。在薄片中常呈不规则粒状充填在其他矿物间，有时也见方形或菱形面。沿八面体的 {111} 解理完全（钇萤石解理不完全），有时也可见 {001} 解理。因此在薄片中常见二组菱形解理或三组交角在60°左右解理。

光性特征

颜色。无色或呈白黄、绿、蓝和紫等色；薄片中无色，或呈浅绿色、淡紫色。萤石的色调分布不均匀，部分有蓝或紫色条带，有放射晕。不同颜色的萤石具有不同的折射率：绿色萤石 $N = 1.43349$，褐色萤石 $N = 1.43460$。

突起。高负突起，糙面很显著。随着 Y 代换 Ca，折射率增高。如钇萤石含 YF_3 10%、CeF_3 1%时，$N = 1.4425$；含（Y，Ce）F_3 时，$N = 1.4483$；含 YF_3 13%时，$N = 1.455$。

双晶。呈 {111} 立方体贯穿双晶，薄片中不可见。

干涉色。均质体全消光。有些萤石的边缘有较弱的浅灰色干涉色，但这种情况较少见。

主要鉴定特征 均质体全消光，高负突起，具有完全的 {111} 解理，是萤石的主要特征，见图 2-2。当萤石有颜色时，常表现为在一个晶体中颜色分布不均，这是其重要特征之一。根据萤石的晶形、解理易与蛋白石区别；与白榴石、方钠石区别在于萤石折射率低，表现为显著的负突起；当方英石和鳞石英特征不很明显时，萤石与其易相混，它们的区别是萤石有很好的解理且折射率较小、负中—高突起；冰晶石以其突起更低（$N=1.34$）区别于萤石。

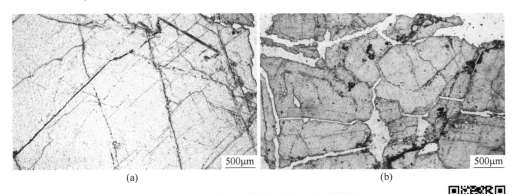

(a)   (b)

图 2-2 保护渣原料中的萤石鉴定特征

（a）萤石两组菱形解理 透（-）×25；（b）萤石高负突起 透（-）×25

扫一扫
查看彩图

产状及其他 萤石的成因很多，大部分形成于热液作用阶段，与中低温的金属硫化物和碳酸盐共生。萤石常在冶金材料例如连铸保护渣中作助熔剂；化工中制作氟化物，如氢氟酸、冰晶石等；还可用于玻璃、陶瓷、原子能工业燃料的氧化剂等。

2.3 正长石 K₂O·Al₂O₃·6SiO₂（orthoclase）

化学组成 K₂O·Al₂O₃·6SiO₂，常含 Na₂O 及少量 BaO、FeO、Fe₂O₃ 等混入物。正长石是钾长石的一个变种。成分中以 K 为主，钠长石分子（Ab）可达 20%，有时甚至可达 50%。并常含有少量 Fe^{3+}、Ba 和 Ca 以及微量的 Ga 和 Rb。

结晶特点 单斜晶系，$N_p = 1.519 \sim 1.562$，$N_m = 1.532 \sim 1.530$，$N_g = 1.524 \sim 1.533$，$N_g - N_p = 0.005 \sim 0.007$，（-）$2V = 35° \sim 85°$，正长石是钾长石的亚稳相变体，具 Si-Al 部分有序结构。通常所说的正长石是从光学意义上讲的，实际上正长石是由具超显微双晶及超 X-射线双晶的三斜系钾长石组成的。晶体常沿 a 轴呈短柱状、厚板状，但通常为不规则粒状，并常与石英呈蠕虫状交生，与钠长石组成条纹或带状分布。有时有环带构造，但少见。{001} 解理完全，{010} 较完全。{001} ^ {010} = 90°。

光性特征

颜色。常呈肤红色或黄褐色，也有灰白色、浅绿色；薄片中无色，但常因表面风化而带混浊的灰色或肉红色。

突起。低负突起。折射率随含 Na 量以及杂质量的增多而略有增高。

双晶。常发育卡斯巴双晶，有时见巴温诺、曼尼巴哈双晶，但不出现聚片双晶。

干涉色。双折射率低，干涉色通常为 I 级灰-灰白，见图 2-3。

(a)　　　　　　　　　　　　　　　　(b)

图 2-3　保护渣原料中的正长石鉴定特征
(a) 正长石卡氏双晶　透 (+)×25；(b) 正长石格子双晶　透 (+)×25

扫一扫
查看彩图

消光类型。在垂直 (010) 切面上呈平行消光；在平行 (010) 切面上呈斜消光，消光角很小，一般为 3°~12°。

延性符号。负延性。

轴性光性。二轴晶负光性，个别发现为正光性，(+)$2V$=44°~85°。

主要鉴定特征　正长石有解理和双晶、表面混浊、低负突起、二轴晶，双折射率略高，没有聚片双晶。

产状及其他　正长石广泛分布于酸性和碱性成分的岩浆岩、火山碎屑岩中；在钾长云母片麻岩、白粒岩和花岗混合岩中也常有正长石；在长石砂岩与硬砂岩中也有分布。主要作为原料用于生产玻璃、陶瓷和保护渣，还可用以制取钾肥。

2.4　钠长石 $Na_2O \cdot Al_2O_3 \cdot 6SiO_2$（albite）

化学成分　纯钠长石，Na_2O 含量 11.79%，Al_2O_3 含量 19.4%，SiO_2 含量 68.81%。成分中含 An（钙长石）分子从 0~10%，可与钙长石组成连续的固溶体，统称斜长石。此外，尚可含有少量 K。常常还发现 Sr 和 Ba 等微量元素。

结晶特点　三斜晶系，N_g = 1.538~1.543，N_m = 1.521~1.531，N_p = 1.528~1.533，N_g-N_p = 0.010~0.009。晶体呈板片状或条状，有时呈他形细粒状集合体。钠长石常呈纺锤状、细脉状、杆状等嵌晶在钾长石中呈条纹或棋盘格子状。解理 {010} 较完全，{001} 完全，但经常不甚发育。

光学性质

颜色。薄片中无色透明，蚀变后表面混浊。

突起。低负突起。

双晶。钠长石律-聚片双晶，双晶带的数目较少，但双晶纹一般清晰；有时还可见有肖那双晶并可与钠长石双晶构成符合双晶；有些钠长石不具双晶。

干涉色。双折射率低，折射率随成分中 An（钙长石分子）的增加而加大。干涉色通常为一级灰白，最高为一级黄色。

消光类型。斜消光。

延性符号。负延性。

轴性光性。二轴晶，低温钠长石为正光性，（+）$2V=78°\sim82°$，高温钠长石为负光性，（−）$2V=50°\sim53°$，随 An（钙长石分子）成分的增加而增大。

主要鉴定特征 可根据特征性的聚片双晶、一级灰白干涉色、晶形、突起和解理鉴定，见图 2-4。可具环带构造，但很少见。

(a)   (b)

图 2-4 保护渣原料中的钠长石鉴定特征
（a）钠长石聚片双晶 透（+）×50；（b）条纹状钠长石 透（+）×50

扫一扫
查看彩图

产状及其他 钠长石产于低级变质岩、细碧岩、粗面岩、钠霞正长岩以及其他富纳质的正长岩、花岗岩中。主要作为熔剂原料用于生产陶瓷、玻璃和保护渣等，还可用以生产化肥。此外，也可见于富钠熔融物腐蚀的黏土砖、高铝砖及高炉炉瘤中。

2.5 钙长石 CaO·Al₂O₃·2SiO₂（anorthite）

化学组成 纯钙长石，CaO 20.10%，Al₂O₃ 36.20%，SiO₂ 43.28%。成分中含 Ab（An 为钙长石，Ab 为钠长石）分子不超过 10%，几乎全由 An 分子组成。人工合成的 4 个变体：a-CAS₂（六方晶系）；B-CAS（斜方晶系）；γ-CAS₂（三斜晶系）；8-CAS（三斜晶系）；其中 y-CAS$_2$ 和 8-CAS$_2$ 是钙长石的高温和低温两种稳定变体。

结晶特点　三斜晶系，$N_g = 1.584 \sim 1.590$，$N_m = 1.578 \sim 1.584$，$N_p = 1.572 \sim 1.577$，$N_g - N_p = 0.012 \sim 0.013$，$(-)2V = 77° \sim 79°$。单晶体常呈他形或半自形的板状或柱状，集合体为半自形~他形粒状。｛010｝、｛001｝解理完全，两者夹角 86°，｛110｝解理不完全。

光性特征

颜色。薄片中无色透明。

突起。低正突起。

双晶。常见聚片双晶，主要为钠长石律和肖钠长石律，双晶带很宽。

干涉色。一级灰白干涉色，最高可达一级黄。

消光类型。斜消光，消光角（010）∧Np 大于 45°，甚至达 70°；｛001｝解理面上消光角为 -32° ~ -43°，｛010｝解理面上消光角为 -37° ~ -39°。

轴性光性。二轴晶负光性，光轴角较大。

主要鉴定特征　具有典型特征的聚片双晶，最高干涉色可达一级黄，斜消光，消光角较大，晶体常呈柱状或板状半自形晶，具有完善的解理等，见图 2-5。

(a)　　　　　　　　　　　　　　　　　(b)

图 2-5　保护渣原料中的钙长石鉴定特征

(a) 钙长石聚片双晶　透（+）×50；(b) 钙长石一级黄干涉色　透（+）×50

扫一扫
查看彩图

产状及其他　钙长石多产于镁铁质、超镁铁质火成岩中，也可产于矽卡岩等变质岩中。此外，钙长石是保护渣及其他熔融物腐蚀的黏土砖、高铝砖、酸性高炉渣中的常见矿物，也可以在铸石或铜的夹杂物中出现。

2.6　黄长石 m（2CaO · MgO · 2SiO$_2$）· n（2CaO · Al$_2$O$_3$ · SiO$_2$）（melilite）

化学组成　黄长石一般常见钙镁黄长石 2CaO · MgO · 2SiO$_2$（gehlenite）和

钙铝黄长石 $2CaO·Al_2O_3·SiO_2$（akermanite）两种类型；Mg-Al 间为完全类质同象代替，同时伴有 Si-Al 间的代替，形成以钙铝黄长石和钙镁黄长石为端员的类质同象系列。Ca^{2+} 可部分被 Na^+ 代替，还可固溶少量 Zn、Mn、Fe 等其他元素，因此黄长石的变种很多，除上述钙铝-钙镁系列外，还存在钠黄长石、锌黄长石、锰黄长石等，形成黄长石的有限固溶体系列。

结晶特点 四方晶系，钙镁黄长石：$N_o = 1.632$，$N_e = 1.639$，$(+)N_e - N_o = 0.007$；钙铝黄长石：$N_o = 1.669$，$N_e = 1.658$，$(-)N_e - N_o = 0.011$。晶体常呈四方形的板状或柱状，有时为不规则粒状，结晶不好的则呈雏晶和不同形状的骸晶，在炉渣中表现为对顶状、骨架状、树枝状和放射状，常具典型的钉齿构造或编织构造。解理少见，常见稀疏的裂纹。

光性特征

颜色。灰绿、黄至褐色，薄片中为无色，有时带淡黄或淡褐色。

突起。糙面和突起明显，正中突起。

干涉色。一级灰至黄白色，常出现墨水蓝和灰褐的异常干涉色。

消光类型。长条形切面呈平行消光。

延性符号。钙镁黄长石为负延性，钙铝黄长石为正延性。

轴性光性。一轴晶，钙镁黄长石为正光性，钙铝黄长石为负光性。

主要鉴定特征 黄长石具有突起较高、平行消光、干涉色低、常见异常干涉色以及典型的编织结构、骸晶结构等特征。镁黄长石和铝黄长石的鉴别可根据延性和光性符号，但在光学显微镜下的薄片中准确区分黄长石的类质同象变体是比较困难的，可笼统称为黄长石。

产状及其他 自然界中黄长石多产于富钙质的基性碱性火成岩或岩浆碳酸岩中，由于钙质同化作用，黄长石也可出现于碱性岩与石灰岩接触变质带中。此外，黄长石在人造富矿也常出现，同时也是冶金炉渣、铸石和连铸保护渣的主要结晶矿物，由于原料和温度等工艺条件不同，在不同的冶金工艺产品生产过程中常出现不同形态的黄长石。一般而言，黄长石在较快速冷却条件下结晶容易形成雏晶和各种形状（Y 状、X 状、骨架状、对顶状等）的骸晶，而在黄长石骸晶的生长过程，首先形成细小的 Y 状、X 状骸晶，然后生长成较大的 X 状，逐渐再生长 X 状骸晶的对顶空间部分，直到形成双对顶构造的完整晶体，如图 2-6 所示。

2.7 枪晶石 3CaO·CaF₂·2SiO₂（cuspidite）

化学组成 枪晶石是一种氟硅酸盐，常有 OH 替代 F 形成枪晶石的变种称为含水枪晶石 $Ca_4Si_2O_7(OH)_2$（custerite），二者可形成完全类质同象系列。

结晶特点 单斜晶系，$N_g = 1.606$，$N_m = 1.595$，$N_p = 1.592$，$N_g - N_p = 0.014$，$(+)2V = 63°$，$N_m // Y$，$N_g \wedge Z = 55°$。其晶体化学键性特征为 2 个硅氧四面体间以

桥氧相接，同时和 4 个钙八面体以共边或共角的方式相连。晶体多呈矛头状，有时呈他形或半自形的板状、粒状、饼状，常见楔形双晶、聚片双晶。沿 {001} 解理完全，有一组完全解理。

光性特征

颜色。无色、玫瑰色或带绿的灰色，在薄片中为无色。

突起。中正突起。

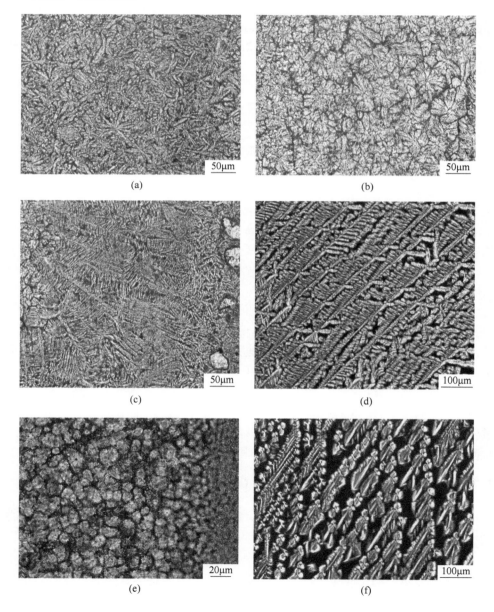

(a)

(b)

(c)

(d)

(e)

(f)

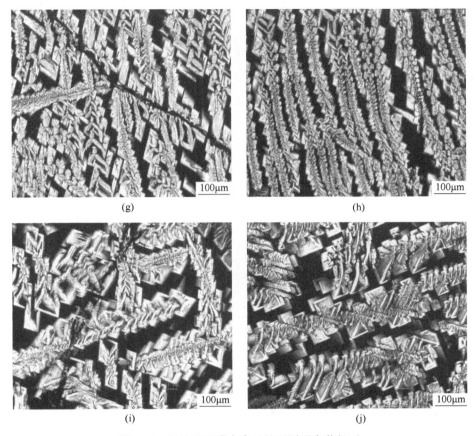

图 2-6　保护渣渣膜中常见的不同形态黄长石

（a）放射状黄长石　透（-）×200；（b）菊花状黄长石　透（-）×200；

（c）编织状黄长石　透（-）×200；（d）钉齿状黄长石　透（+）×100；

（e）黄长石骸晶　透（+）×500；（f）黄长石骸晶　透（+）×100；

（g）Y 状黄长石　透（+）×100；（h）骨架状黄长石　透（-）×100；

（i）黄长石的单对顶构造　透（+）×100；（j）黄长石的双对顶构造　透（+）×100

扫一扫
查看彩图

双晶。有楔形或聚片双晶，双晶面 {100}。

干涉色。最高干涉色为一级淡黄色。

消光类型。消光角很小，近于平行消光。

轴性光性。二轴晶正光性。

主要鉴定特征　枪晶石以突起较高、光轴角较大、常具矛头状晶形以及典型的楔形双晶或聚片双晶为特征。

产状及其他　自然界中枪晶石很少见，一般产于接触变质的石灰岩、矽卡岩中。此外，枪晶石还是连铸保护渣的主要结晶矿物，在冶炼含氟矿石的人造富矿、冶金炉渣和被侵蚀的耐火材料中也常出现。也可能存在于低温煅烧的含氟硅酸盐水泥熟料中，煅烧含氟水泥熟料时，它是一种过渡相。

保护渣渣膜中常见的不同形态枪晶石如图 2-7 所示。

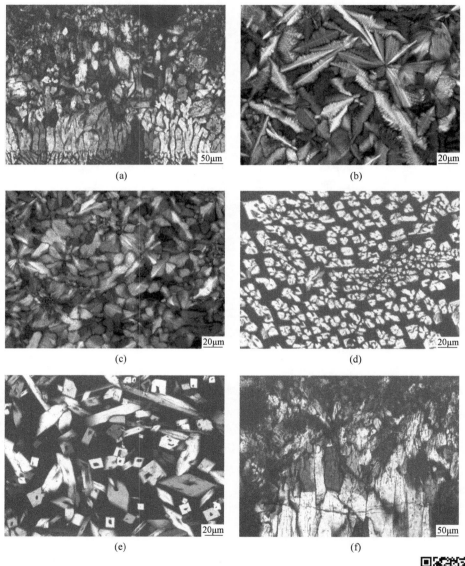

图 2-7　保护渣渣膜中常见的不同形态枪晶石

（a）矛头状枪晶石　透（+）×200；（b）长矛状枪晶石　透（+）×500；
（c）饼状枪晶石　透（+）×500；（d）粒状枪晶石　透（+）×500；
（e）板状枪晶石　透（+）×500；（f）枪晶石聚片双晶　透（+）×200

扫一扫
查看彩图

2.8 硅灰石 CaO · SiO₂（wollastonite）

化学组成 CaO 含量（质量分数）为 48.3%，SiO_2 含量（质量分数）为 51.7%，成分中常含有一定量的 Fe、Mn、Mg 等，并混有 Al 和 Na。

结晶特点 三斜晶系，$N_g = 1.631 \sim 1.653$，$N_m = 1.628 \sim 1.650$，$N_p = 1.616 \sim 1.640$，$N_g - N_p = 0.014 \sim 0.017$。$(-)2V = 38° \sim 60°$ r>ν，$a \wedge N_g = 34° \sim 39°$，$b \wedge N_m = 3° \sim 5°$，$c \wedge N_p = 28° \sim 34°$。光轴面近于平行（010），沿 b 轴延伸的长柱状、针状、杆状和板状，横切面近长方形。集合体呈放射状、纤维状。解理 {100} 完全，{001}、{102} 中等，{100} ∧ {001} = 84°30′，{100} ∧ {102} = 70°。

光性特征

颜色。白色，有时略带浅灰色；薄片中无色，含铁较多时可见浅黄多色性。

突起。中正突起，折射率随 Fe 含量（质量分数）的增加而增加。

双晶。（100）结合面的简单和聚片双晶常见。

干涉色。在近垂直 b 轴的平行光轴面切片上可见最高干涉色为一级橙；平行于其柱面的切片上干涉色为一级灰白、黄白。

消光类型。在近垂直 b 轴的平行光轴面切片上斜消光，消光角 $c \wedge N_p = 28° \sim 34°$；平行于其柱面的切片上平行消光或近于平行消光（<5°）。

延性符号。可正可负（干涉色呈一级暗灰的柱状切面为负延性，干涉色呈灰白、黄白的切面为正延性）。

轴性光性。二轴晶负光性，光轴角在 40° 左右，随 Fe^{2+} 含量（质量分数）的增加而增大。有的硅灰石具有环带，核部的折射率、光轴角和消光角比边部小些。

主要鉴别特征 硅灰石以其近于平行柱面的低干涉色、柱面近平行消光、延性可正可负及横切面上有三组解理、解理之间的夹角大于 60° 且光轴角较小等特征与其十分相似的透闪石区分开。

产状及其他 硅灰石主要产出于灰岩和火成岩的接触带中，也见于富钙的结晶片岩和片麻岩中，它是连铸保护渣的主要矿物原料之一，也常出现在渣膜析晶矿相中。硅灰石在渣膜中常出现的形态有柱状、纤维状、板条状、放射状、叶片状等，在不同实验条件下，渣膜中析出不同形态的硅灰石，如图 2-8 所示。此外，硅灰石也是高炉渣、平炉渣、钢中夹杂物、硅酸盐耐火砖以及烧结矿黏结相中常出现的矿物。

图 2-8 保护渣渣膜中常见的不同形态硅灰石
（a）长柱状硅灰石 透（+）×100；（b）纤维状硅灰石 透（+）×200；
（c）板条状硅灰石 透（+）×500；（d）针状硅灰石集合体 透（+）×500；
（e）叶片状硅灰石集合体 透（+）×500；（f）放射状硅灰石集合体 透（+）×500

扫一扫
查看彩图

2.9 假硅灰石 α-CaO·SiO$_2$（pseudowollastonite）

化学组成 常见有 FeO、MgO 、Al$_2$O$_3$ 和 Na$_2$O。

结晶特点 三斜晶系或假斜方晶系，$N_p = 1.610 \sim 1.614$，$N_m = 1.611 \sim 1.615$，$N_g = 1.648 \sim 1.654$，$N_g - N_p = 0.038 \sim 0.040$，$(+)2V = 0° \sim 6°$。$a_0 = 6.9$，$b_0 = 11.58$，$c_0 = 19.65$，$\alpha \approx 90°$，$\beta = 90°48'$，$\gamma \approx 90°$。假硅灰石是 $CaO·SiO_2$ 的高温变体，稳定在 1200~1540℃。1200℃以下为介稳，转化为低温变体硅灰石。晶体一般呈板状或板条状。具底面解理。

光学特征

颜色。薄片中无色。

突起。正突起中等。

双晶。（001）面上可见聚片双晶。

干涉色。正交偏光镜下双折射率强，最强干涉色可达三级绿。

消光类型。平行消光。

延性符号。负延性。

轴性光性。二轴晶正光性，光轴角小。

主要鉴定特征 假硅灰石的双折射率高、最强干涉色可达三级绿、二轴正晶、2V较小，可同硅灰石区别。

产状及其他 自然界极少见。在实验室自制的渣膜中常出现长条状假硅灰石，如图2-9所示；而现场连铸条件下，结晶器中渣膜几乎不析出。此外，假硅灰石也可能出现在高炉渣或高炉渣与硅质黏土砖作用后的蚀变带中，以及烧结矿的黏结相和钢中夹杂物中也常出现。

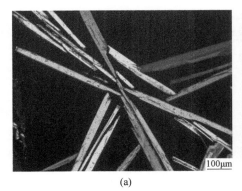
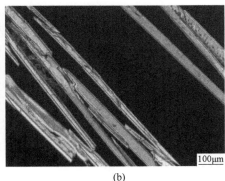

| (a) | (b) |

图 2-9 实验渣膜中常出现的假硅灰石

（a）具有高干涉色的假硅灰石 透（+）×100；
（b）板条状假硅灰石 透（+）×100

扫一扫
查看彩图

2.10 霞石 Na₂O·Al₂O₃·2SiO₂（nepheline）

化学组成 霞石在高温下能与钾霞石形成连续的固溶体系列，成不同比例的类质同象代替，但在低温下只能有限混合。还可混入钙长石 $CaAl_2Si_2O_8$ 分子，可达 10%，也可含少量的 Li、Ga、Be 等稀有元素组分。

结晶特点 六方晶系，$N_o = 1.529 \sim 1.549$，$N_e = 1.526 \sim 1.544$，$(-)N_o - N_e = 0.003 \sim 0.005$。架状结构，晶体为六方短柱状、厚板状；通常呈现他形粒状集合体或致密块状。常含有许多包裹体。$\{10\bar{1}0\}$ 柱面解理和 $\{0001\}$ 底面解理均不完全。薄片中常见一组横向的裂纹，附近常有变化产物。

光性特征

颜色。灰白色、灰色；在薄片中为无色透明，但常由于风化产物存在而呈浑浊的浅灰色。

突起。低正或低负突起。与树胶的折射率十分靠近，因此有的切面中 2 个振动方向上均为低负突起；有的切面一个方向为低负突起，另一方向为低正突起。

干涉色。干涉色低，不超过 I 级灰。

消光性质。柱状切面具平行消光，六边形底面则为全消光。

延性符号。负延性（自形的柱状切面）。

轴性光性。一轴晶负光性，有时光性有异常，$2V = 0° \sim 6°$。

主要鉴定特征 霞石的解理不完全、几乎无突起、双晶少见、干涉色不超过 I 级灰且为一轴晶负光性。

产状及其他 霞石是碱性岩的特征矿物，它既可以是岩浆结晶的原生矿物，也可以是岩浆与富钙沉积岩反应的生成物。工业生产中黏土砖与苏打蒸气及熔渣作用下可以形成霞石，所以在高炉及玻璃窑使用的黏土砖表面熔融物中可有霞石存在。霞石也是熔融态高钠保护渣的析晶产物，但是霞石黏度比较大，对润滑不利，应尽量避免霞石大量析出。

3 现场保护渣性能及渣膜矿相结构特征

3.1 样品来源及连铸工艺

3.1.1 渣膜采集与统计

虽然高拉速及连铸连轧技术迅速发展，生产品种不断扩大，但板坯连铸生产过程中的钢坯质量缺陷仍然普遍存在。在对唐山中厚板材有限公司、唐山国丰钢铁有限公司、邯郸钢铁有限公司进行连铸现场调研时发现，板坯连铸生产过程中，铸坯纵裂纹、表面夹渣及黏结漏钢现象时有发生，一定程度上降低了连铸的综合成材率。

在连铸设备及工艺操作正常的情况下，铸坯表面质量的好坏主要取决于选择的保护渣性能及其在结晶器与铸坯缝隙中形成的渣膜特性。如果选择的保护渣性能及其渣膜结构对润滑和传热的控制与浇注钢种相匹配，则可避免铸坯表面缺陷的产生。为此，对不同钢厂、不同连铸工艺、不同钢种的板坯生产现场进行了跟踪调研，并对其所用保护渣及其渣膜进行系统研究与试验，旨在找出渣膜矿相结构特征与连铸工艺条件和保护渣性能之间的内在关系，为改善铸坯质量提供理依据。研究涉及的板坯钢种分别是来自唐山中厚板厂的 Q235B、Q345B，邯郸钢厂的 SS400、SPHC，以及唐山国丰钢厂的 Q195L、SAE1006-B。其中 Q235B、SS400 属于中碳钢范畴，Q345B 为低合金钢，SPHC、Q195L 和 SAE1006-B 为低碳钢。

在连铸生产现场跟踪调研期间，结晶器内固态渣膜的采集是关键，现场渣膜的正确获取方法是，在正常连铸生产浇注停止时，附着在结晶器壁上的凝固渣膜就会暴露出来，用铁铲伸入结晶器内弯月面以下部位，把即将剥落的渣膜从结晶器内取出来，然后自然冷却碎裂的即为样品渣膜，同时一并采集样品渣膜对应的连铸用保护渣。另外，统计现场不同钢种对应的保护渣液渣消耗量及铸坯表面质量情况等，结果见表 3-1。

表 3-1 渣膜试样相应参数对比

钢种	渣膜编号	液渣层厚度/mm	消耗量/$kg \cdot t^{-1}$	铸坯质量
Q235B	1号	10.52	0.565	正常
	2号	10.25	0.596	正常
	3号	10.41	0.568	表面有纵裂
	4号	10.62	0.546	黏结漏钢

钢种	渣膜编号	液渣层厚度/mm	消耗量/kg·t⁻¹	铸坯质量
Q345B	5 号	10.33	0.582	正常
	6 号	10.45	0.572	正常
	7 号	10.20	0.580	表面有夹杂
	8 号	10.32	0.560	表面有纵裂
SS400	9 号	8~13	0.360	正常
SPHC	10 号	8~13	0.380	正常
Q195L	11 号	9~11	0.512	正常
SAE1006-B	12 号	9~11	0.532	正常

根据结晶器内钢液表面保护渣的熔化结构及消耗情况，可以估计保护渣流入结晶器周边和通过液渣提供的润滑的程度。由表 3-1 可知，在各钢厂现场板坯连铸工艺下，六种钢种连铸对应的保护渣消耗量为 0.3~0.7kg/t，液渣层厚度为 8~13mm，由此初步估计 6 种钢种连铸用保护渣均能够保证结晶器与铸坯之间的液态润滑。

3.1.2 连铸工艺参数

保护渣不仅应具有良好的性能，同时还必须使连铸工艺与其相配合，否则不仅不能充分发挥保护渣应有的作用，还会使铸坯产生大量表面质量缺陷，严重时造成漏钢事故。在连铸生产过程中，钢-渣界面的熔渣结构、结晶器与铸坯之间的渣膜状态，均受工艺参数影响。一般认为，当液渣层厚度能保持在 10~30mm 时，保护渣的熔速比较适合；保护渣的消耗量 Q_S 在常规拉速下大于 $0.3kg/m^2$，在高拉速条件下大于 $0.2kg/m^2$ 时可降低漏钢率。单位面积消耗量 Q_S 可由吨钢耗量 Q_t 用式（3-1）计算：

$$Q_S = 7.6f* Q_t/R \tag{3-1}$$

式中 Q_S——单位面积的保护渣渣耗量，kg/m^2；

$f*$——保护渣的液化比例；

R——铸坯比表面积，$R = 2(w + t)/wt$，w 和 t 为结晶器宽度和厚度，m；

7.6——钢的密度值。

根据表 3-2 中不同类型板坯的连铸工艺参数，可以计算得到板坯连铸保护渣的结晶器内单位面积消耗量 Q_S，由此可以确定 6 种钢种连铸用保护渣消耗量均能满足常规拉速连铸大于 $0.3kg/m^2$ 的要求。

表 3-2 板坯连铸工艺参数

参数	内容			
	唐山中厚板厂	邯郸钢厂		唐山国丰钢厂
浇铸钢种	Q235B、Q345B	SS400	SPHC	Q195L、SAE1006-B
主要生产断面/mm×mm	250×2000	1500×70	1260×70	(700~1300)×150
连铸机类型	连续弯曲矫直弧形板坯连铸机	立弯式	立弯式	连续弯曲矫直弧形板坯连铸机
连铸机台数×流数	2×1	2×1	2×1	2×2
连铸机弧型半径/m	10	3.25	3.25	6.5
连铸机冶金长度/m	29.6~31.9	9.705	9.705	8
连铸机拉速/m·min^{-1}	0.81~0.85	3.5~4.5	3.5~4.5	1~3
结晶器类型	直结晶器	直式漏斗形	直式漏斗形	直结晶器
结晶器规格/mm×mm	430×4050	230×900	230×900	430×4050
结晶器长度/mm	800	1100	1100	800
结晶器振动方式	正弦振动	非正弦振动	非正弦振动	正弦振动
结晶器振幅/mm	±4	±3	±3	±3
中间包液面高度/m	1	1	1	1.1
中间包工作容量/t	36	32	32	55
中间包温度范围/℃	1520~1540	1540~1560	1550~1570	1520~1540

3.2 保护渣的基础特性

3.2.1 理化性能

现场采集的保护渣的化学成分由各钢厂的化验室测定，结果见表 3-3；采用"RDS-04 全自动炉渣综合物性测定仪"和"HF-201 型结晶器渣膜热流模拟和黏度测试仪"，对保护渣的熔点、熔速和黏度进行测试，结果见表 3-4。

表 3-3 保护渣的化学成分

钢种	保护渣化学成分/%									
	SiO_2	Al_2O_3	MgO	CaO	Fe_2O_3	K_2O+Na_2O	MnO	F^-	C	H_2O
Q235B	28.99	2.74	4.17	35.83	0.57	7.65	1.73	7.46	4.88	0.33
Q345B	31.77	4.18	3.72	36.29	1.03	7.82	1.80	6.87	6.31	0.34
SS400	26.60±4.00	≤8.00	1.46	30.50±4.00	0.47	9.00±3.00	—	7.00±2.50	≤10.00	≤0.50

钢种	保护渣化学成分/%									
	SiO_2	Al_2O_3	MgO	CaO	Fe_2O_3	K_2O+ Na_2O	MnO	F^-	C	H_2O
SPHC	31.00± 4.00	≤8.00	3.02	31.00± 4.00	0.70	11.00± 3.00	—	7.00± 2.50	≤8.00	≤0.50
Q195L	33.83	9.98	1.57	31.66	1.13	11.17	0.04	6.98	3.33	0.31
SAE1006-B	35.26	4.19	3.61	33.55	0.37	10.51	1.08	8.16	3.27	0.40

表 3-4 保护渣的物理性能

钢种	保护渣物理性能					
	碱度	熔点/℃	熔速/s	黏度/Pa·s	熔重/g·cm^{-3}	粒度/mm
Q235B	1.24	1050	21	0.108	0.80	0.2~1.0
Q345B	1.14	1104	21	0.153	0.70	0.2~1.0
SS400	1.15±0.10	1080±40	28	0.082±0.04	0.15~1	0.56
SPHC	1.00±0.10	1060±40	27	0.12±0.10	0.15~1	0.54
Q195L	0.93	1037	27	0.09	0.2~0.1	0.60
SAE1006-B	0.95	1010	23	0.07	0.2~0.1	0.80

保护渣熔化温度一般控制在 1000~1200℃ 以内，用于板坯连铸的保护渣应采用较低的熔点，一般取下限。因此，六种板坯保护渣的熔化温度相对合理。

保护渣熔速要求同消耗量相适应，即应满足如下关系：

$$MR = (w + t) \cdot QsVc \tag{3-2}$$

式中　MR——熔化速度，kg/min；

　　　w，t——结晶器宽度和厚度，m；

　　　Q_S——单位面积的保护渣渣耗量，kg/m^2；

　　　Vc——拉速，m/min。

根据板坯连铸工艺参数，可计算得到不同板坯连铸工艺下保护渣的理论熔速值，由此可以确定 6 种钢种连铸用保护渣的实测熔速值均接近理论值。

常规板坯连铸的拉坯速度与熔渣的黏度应满足：

$$\eta Vc = 0.1 \sim 0.35 \tag{3-3}$$

式中　η——黏度，Pa·s；

　　　Vc——拉速，m/min。

对于拉速为 0.81~0.85m/min 的 Q235B、Q345B 板坯连铸，黏度的理论值在 0.117~0.432Pa·s 范围内，实测得到保护渣在 1300℃ 时的黏度为 0.108Pa·s、

0.153Pa·s, 所以, 唐山中厚板厂现场 Q235B、Q345B 对应的两种保护渣黏度值均偏低。经计算得知, 邯钢 SS400 连铸用保护渣黏度理论值应在 0.022～0.1Pa·s 范围内, 实际使用的保护渣黏度的实测值为 (0.082±0.04) Pa·s, 在黏度的理论值范围之内, 可以满足连铸的基本要求。另外, SPHC、Q195L、SAE1006-B 均属于低碳钢范畴, 该类钢种易发生漏钢事故, 对保护渣润滑能力要求较高, 所以, 现场 SPHC、Q195L、SAE1006-B 板坯对应保护渣的实际黏度值都较低, 这是保证铸坯质量良好的必要条件。

3.2.2 矿物组成

保护渣原渣中的矿物组成非常复杂, 它与选用的原料有关, 不同的保护渣制造商使用的原料大不相同。目前, 发现保护渣原渣中矿物成分主要有硅灰石、石英、萤石、方镁石、长石类、辉石类、珍珠岩、碳酸盐和玻璃屑等, 对于现场板坯保护渣的矿物组成鉴定, 通过以下途径来实现。

（1）保护渣原渣的某些矿物不容易分辨的原因是由于炭质材料的加入, 故需对保护渣原渣样进行脱碳处理, 过程是将保护渣原渣放入瓷坩埚内, 在箱式高温电阻炉中升温至 800℃, 恒温 30min 后, 自然冷却至室温即可。

（2）将脱碳干净的一部分保护渣原渣样制作成光薄片, 在透/反两用研究型偏光显微镜下观察其矿物组成及含量（体积分数）, 结果如图 3-1 和表 3-5 所示。

表 3-5 保护渣原渣的矿相组成和含量（体积分数）

钢种	保护渣矿相组成及含量/%						
	玻璃相	硅灰石	石英	萤石	长石	纯碱	杂质
Q235B	45～50	15～20	20～25	10～15	—	少量	少量
Q345B	40～45	25～30	15～20	5～10	少量	少量	3～5
SS400	55～60	20～25	10～15	5～10	—	—	少量
SPHC	60～65	15～20	10～15	3～5	—	—	3～5
Q195L	40～45	30～35	15～20	3～5	少量	—	1～2
SAE1006-B	50～55	30～35	10～15	2～4	少量	—	少量

（3）将脱碳干净的另一部分保护渣原渣样采用 X 射线衍射仪（CuKα1 靶, 电压 40kV, 电流 80mA）进行 XRD 物相测定, 将所测样品的图谱与 Jade 软件中 PDF 卡片库中的"标准卡片"进行对照, 检索出样品中的全部矿物相, 衍射分析结果如图 3-2～图 3-7 所示。

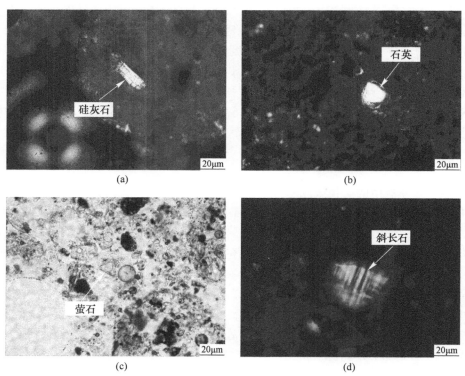

图 3-1 显微镜下保护渣中常见矿物组成

（a）柱状硅灰石 透（+）×500；（b）他形石英颗粒 透（+）×500；
（c）半自形萤石颗粒 透（-）×500；（d）聚片双晶斜长石透（+）×500

扫一扫
查看彩图

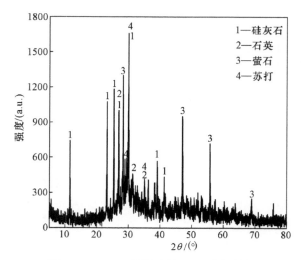

图 3-2 Q235B 保护渣的 XRD 分析结果

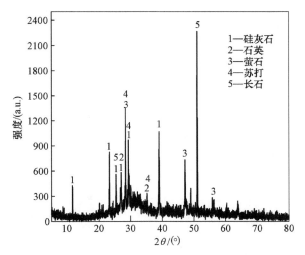

图 3-3 Q345B 保护渣的 XRD 分析结果

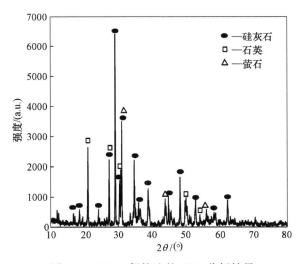

图 3-4 SS400 保护渣的 XRD 分析结果

Q235B 连铸现场保护渣矿物组成中石英含量（体积分数）较多，晶形多呈他形晶，少量呈粒状，粒径差异较小，晶体粒度一般为 0.02~0.05mm；硅灰石呈柱状或板状，形态较为粗大，晶体粒度一般为 0.06~0.10mm；萤石多呈他形晶，少量呈圆形、或三角形，晶体粒度一般为 0.02~0.04mm，分布较为均匀。

Q345B 连铸现场保护渣矿物组成中硅灰石含量（体积分数）较多，主要呈长柱状、针状，粒度一般为 0.054~0.235mm；石英主要呈他形粒状，晶体粒度大小不一，粒度大小一般在 0.034~0.156mm 范围内；萤石多为粒状或树枝状雏

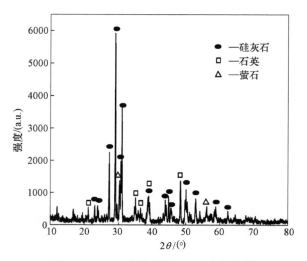

图 3-5 SPHC 保护渣的 XRD 分析结果

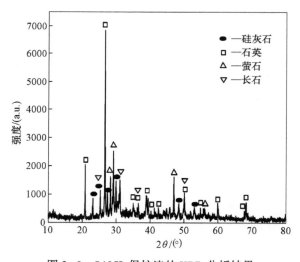

图 3-6 Q195L 保护渣的 XRD 分析结果

晶，集合体为呈三角形、椭圆形或菱形状态，晶体粒度较小为 0.059~0.099mm；长石可见聚片双晶，呈粒状，但含量（体积分数）较少，粒径一般为 0.05~0.08mm。

SS400 连铸现场保护渣矿物组成中硅灰石呈柱状、针状和纤维状，晶体粒度为 0.01~0.03mm，局部也常见叶片状集合体；石英颗粒较小，在保护渣颗粒中分布较为均匀，晶形多为他形，粒度大小一般为 0.005~0.015mm；萤石多为粒状锥晶或树枝状集合体，晶体粒度一般为 0.01~0.02mm。

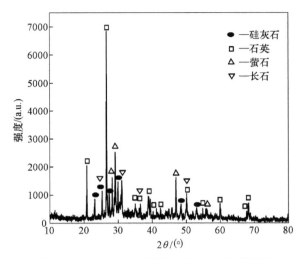

图 3-7 SAE1006-B 保护渣的 XRD 分析结果

SPHC 连铸现场保护渣的矿物组成中硅灰石呈纤维状、长柱状、针状，晶体粒度一般为 0.01~0.04mm，少量呈集合体聚集；石英呈细小颗粒状，结晶粒度一般为 0.01~0.015mm，分布较均匀；萤石多呈粒状或雏晶状，含量（体积分数）较少，分布不均匀，多呈圆形或椭圆形，晶体粒度一般为 0.01~0.03mm。

Q195L 连铸现场保护渣矿物组成中硅灰石含量（体积分数）较高，多呈纤维状或柱状，分布较为均匀，晶体粒径一般为 0.03~0.05mm；石英颗粒大小较为均匀，粒度一般为 0.02~0.04mm，晶形多呈他形晶，少量呈柱状；长石类矿物含量（体积分数）较少，局部可见具有聚片双晶，晶体粒径一般为 0.01~0.04mm。

SAE1006-B 连铸现场保护渣的矿物组成中硅灰石晶体形态主要呈板状、柱状，粒径一般为 0.05~0.10mm；石英分布较为均匀，多呈他形粒状，大小均一，粒度一般为 0.02~0.04mm。萤石多呈他形晶，少量呈圆形或三角形，晶体粒径较小为 0.01~0.03mm。长石多呈细小针状、柱状，粒径在 0.03mm 左右。

从显微镜下观察和 X 射线衍射检测结果中可以看出，现场 6 种板坯连铸保护渣中均以玻璃相为主，矿物相以硅灰石、石英、萤石三种矿物居多；部分类型的板坯连铸保护渣中还出现了少量纯碱、长石类矿物。不同钢种保护渣中矿物形态相差不大，石英多以他形粒状存在，晶体粒径差异较小；硅灰石以柱状和纤维状存在，形态较为粗大；而萤石主要是他形晶，晶体粒度较小。从渣中元素的赋存情况看，CaO 以硅灰石矿物赋存，SiO_2 以硅灰石、石英或玻璃相物质赋存，F^- 以萤石矿物赋存，Na_2O 要以纯碱或玻璃相物质赋存。

3.3 渣膜的性状及结构

3.3.1 表观特征

固态渣膜的厚度对传热具有重要影响，是反映保护渣传热性能的一个重要参数。表 3-6 给出了游标卡尺测量渣膜厚度的统计结果，可以看出现场结晶器弯月面以下部位的渣膜厚度总体上在 1mm 左右。在测量厚度的基础上，对渣膜的断面进行宏观观测和统计，结果如图 3-8 和表 3-7 所示，可以初步了解渣膜宏观结构特点以及不同渣膜之间的区别，为偏光显微镜下对渣膜显微结构的观察奠定基础。

表 3-6 渣膜试样的厚度统计

钢种	渣膜编号	厚度测量值/mm	平均值/mm
Q235B	1 号	1.18、1.24、1.14、1.10、1.32、1.30、1.12、1.20、1.30、1.28	1.218
	2 号	1.08、0.90、1.04、1.00、0.94、1.16、1.18、1.02、1.00、0.92	1.024
	3 号	0.88、0.72、0.80、0.84、0.82、0.70、0.88、0.98、0.86、0.90	0.838
	4 号	0.90、1.28、1.08、1.08、1.28、1.18、1.20、1.14、1.18、1.20	1.152
Q345B	5 号	0.86、0.90、1.18、0.88、0.74、0.80、0.76、1.22、1.24、1.08	0.966
	6 号	1.14、1.08、1.00、1.10、0.96、1.02、1.18、1.22、1.20、1.18	1.108
	7 号	0.92、0.80、0.88、0.98、0.86、0.90、0.98、0.92、0.90、0.94	0.908
	8 号	0.60、0.98、0.92、0.87、0.88、0.72、1.02、0.93、0.94、0.77	0.877
SS400	9 号	0.96、1.03、1.13、1.17、1.01、1.21、0.99、1.10、1.18、1.11	1.089
SPHC	10 号	1.13、1.02、1.06、1.10、0.98、1.18、1.14、1.12、1.09、1.20	1.102
Q195L	11 号	0.92、0.80、0.88、0.98、0.86、0.90、0.98、0.92、0.90、0.94	0.908
SAE1006-B	12 号	1.18、1.10、1.14、1.18、1.20、0.90、1.08、1.08、1.08、1.28	1.122

图 3-8　渣膜的表观照片

（a）Q235B 典型渣膜；（b）Q345B 典型渣膜；（c）SS400 典型渣膜；
（d）SPHC 典型渣膜；（e）Q195L 典型渣膜；（f）SAE1006-B 典型渣膜

扫一扫
查看彩图

表 3-7　渣膜的断面现象分析

钢种	渣膜编号	断　面　现　象
Q235B	1 号	（1）渣膜厚度比较均匀；（2）渣膜分层不明显；（3）渣膜液渣层分布不均，局部无液渣层；（4）靠结晶器一侧的渣膜表面有气孔生成现象
	2 号	（1）渣膜厚度比较均匀；（2）渣膜分层不明显，液渣层不连续出现呈透明玻璃状，固态层呈深灰色；（3）渣膜的液渣层有固体颗粒浸入现象
	3 号	（1）渣膜厚度比较均匀；（2）渣膜分层明显，液渣层呈灰色或黑色，固态层厚度偏小呈青灰色；（3）渣膜局部有液渣层贯穿整个渣膜的现象
	4 号	（1）渣膜厚度不均匀；（2）渣膜分层不明显；（3）渣膜整体无液渣层现象突出，渣膜全为固态层；（4）紧靠结晶器一侧普遍有凹槽现象
Q345B	5 号	（1）渣膜厚度比较均匀；（2）渣膜分层明显，液渣层呈灰色或黑色，固态层厚度较小呈青灰色；（3）渣膜局部有液渣层贯穿整个渣膜的现象
	6 号	（1）渣膜厚度比较均匀；　（2）渣膜呈青色或青灰色，分层不明显；（3）渣膜几乎无液渣层存在；（4）紧靠结晶器一侧的渣膜表面有大晶粒生成
	7 号	（1）渣膜厚度不均匀；（2）渣膜分层不明显；（3）渣膜整体无液渣层现象突出，渣膜全为固态层；（4）紧靠结晶器一侧普遍有凹槽现象。
	8 号	（1）渣膜厚度不均匀，整体渣膜厚度过薄；（2）渣膜分层明显；（3）有渣膜局部无液渣层现象；（4）紧靠结晶器一侧的渣膜表面有大晶粒生成
SS400	9 号	（1）渣膜厚度比较均匀；（2）渣膜分层较明显，呈黑色；（3）渣膜液渣层不明显；（4）紧靠结晶器一侧的渣膜局部有结晶相
SPHC	10 号	（1）渣膜厚度比较均匀；（2）渣膜分层不明显，呈透明玻璃态；（3）渣膜几乎无明显液渣层
Q195L	11 号	（1）渣膜厚度比较均匀；（2）渣膜分层不明显，呈透明玻璃态；（3）渣膜整体无液渣层现象
SAE1006-B	12 号	（1）渣膜厚度比较均匀；（2）渣膜呈青色或青灰色，分层不明显，呈透明玻璃态；（3）渣膜无液渣层

　　结晶器与坯壳间形成的渣膜，一般分为固相区和液相区两部分，即在正常连铸过程中，流入结晶器与铸坯间的液渣在靠近铸坯一侧由于温度高形成液态渣膜，在靠近结晶器受强制冷却形成固态渣膜。以上统计数据中可以看出，研究现场的保护渣渣膜试样是在正常连铸作业过程中取得，应属于冷却后固、液相区的组合体；并且固液相区以彼消此长的规律，保证渣膜总厚度波动性不大。然而，个别渣膜出现无液渣层或液渣层贯穿整个渣膜的现象，且渣膜固态层厚度不均，原因可能是保护渣在熔化过程中产生分熔现象，渣膜中无液渣层部分为高熔点结晶矿物，液渣贯穿整保护渣部分为低熔点结晶矿物。

3.3.2 化学成分

委托唐山精益测试中心测定现场渣膜试样的化学成分，并对比保护渣原渣与渣膜的化学成分，以找出保护渣在连铸过程中成分的变化情况。现场 Q235B、Q345B 渣膜试样的化学成分见表 3-8。唐山中厚板厂 Q235B、Q345B 板坯连铸过程中，保护渣熔渣的化学成分及其含量（质量分数）在不断地变化。两种保护渣原渣的碱度值分别为 1.24、1.14，而对应渣膜的平均碱度值达到 1.40、1.35，碱度有明显升高的趋势，推测可能是现场钢液精炼过程中，精炼渣融进保护渣液渣所致。渣膜化学成分中 Al_2O_3、Na_2O 含量（质量分数）明显增大，说明保护渣有吸收钢液中非金属夹杂物（以 Al_2O_3 为基的化合物或混合物等）的能力，钢液夹杂物融进液渣中，导致 Al_2O_3、Na_2O 等成分的含量（质量分数）增大。而现场两种保护渣的其他化学成分 F^-、MgO、MnO、K_2O、Fe_2O_3 等，在连铸过程中都没有较大变化。

表 3-8 渣膜的化学成分（质量分数） （%）

钢种	渣号	SiO_2	Al_2O_3	CaO	Fe_2O_3	F^-	MgO	K_2O	Na_2O	MnO	LiO_2
Q235B	1 号	31.34	3.63	41.93	0.47	8.56	3.52	1.12	9.17	1.05	0.55
	2 号	31.64	3.25	41.58	0.58	8.76	4.09	0.50	8.74	1.35	0.68
	3 号	32.46	3.93	40.39	0.55	6.96	4.21	0.82	9.47	1.43	0.65
	4 号	27.73	3.58	40.25	0.53	8.56	4.04	1.08	9.21	1.33	0.56
Q345B	5 号	30.75	3.65	45.69	0.49	5.76	3.00	0.45	7.06	0.97	0.36
	6 号	30.26	4.19	40.55	0.37	8.16	3.61	1.28	9.23	1.08	0.56
	7 号	30.90	5.88	37.90	0.30	8.36	1.45	0.28	11.26	1.29	0.17
	8 号	32.60	4.30	41.17	0.45	8.16	3.90	0.17	8.62	1.36	0.55

3.3.3 矿物组成

运用透/反两用研究型偏光显微镜、扫描电镜及 X 射线衍射分析等手段，对现场不同类型板坯连铸保护渣的正常渣膜和事故渣膜的矿物组成、含量（体积分数）及结晶率进行鉴定和分析，统计结果见表 3-9、图 3-9~图 3-11。

表 3-9 渣膜的矿物组成、含量（体积分数）及结晶率 （%）

钢种	渣膜编号	黄长石	枪晶石	硅灰石	玻璃相	结晶率
Q235B	1 号	85~88	10~15	<5	5~10	90~95
	2 号	70~75	20~25	<5	5~10	90~95
	3 号	20~25	25~30	15~18	30~35	65~70
	4 号	5~10	45~50	30~35	5~8	90~95

钢种	渣膜编号	黄长石	枪晶石	硅灰石	玻璃相	结晶率
Q345B	5 号	20~25	40~45	—	30~35	55~65
	6 号	25~30	10~15	—	55~60	35~45
	7 号	5~10	85~90	—	<5	>95
	8 号	80~85	12~17	—	<5	>95
SS400	9 号	5~10	45~50	—	40~45	55~60
SPHC	10 号	—	5~10	—	90~95	5~10
Q195L	11 号	—	20~25	—	75~80	20~25
SAE1006-B	12 号	—	15~20	—	80~85	15~20

(a)　　　　　　　　　　　　　(b)

(c)　　　　　　　　　　　　　(d)

图 3-9　渣膜中常见结晶矿物照片

（a）菊花状编织状黄长石　透（-）×200；（b）放射状黄长石　透（-）×200；

（c）纤维柱状硅灰石　透（+）×200；（d）矛头状枪晶石　透（+）×200

扫一扫
查看彩图

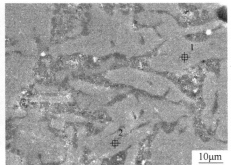

注：	O	F	Na	Mg	Al	Si	Cl	K	Ca
a-1	51.32	0.38	9.77	5.96	4.84	14.61	0.17	0.34	12.60
a-2	51.44	0.21	9.39	5.28	5.14	14.40	—	0.32	11.83
b-1	43.97	13.61	—	0.44	0.34	14.10	—	—	27.54
b-2	47.51	13.73	—	—	0.65	13.12	—	—	24.99

图 3-10 渣膜的 SEM 分析结果

(a) 渣膜中的黄长石；(b) 渣膜中的枪晶石

扫一扫
查看彩图

保护渣渣膜中的结晶矿物黄长石有镁黄长石（$2CaO \cdot MgO \cdot 2SiO_2$）、铝黄长石（$2CaO \cdot Al_2O_3 \cdot SiO_2$）和钠黄长石（$NaCaAl[Si_2O_7]$）等多个类质同象变体，其光学性质相似，很难在显微镜下辨别，由此借助扫描电镜及 XRD 衍射分析结果可知，渣膜中的黄长石是以镁黄长石为主的黄长石固溶体。

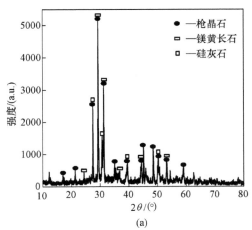

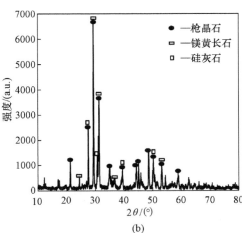

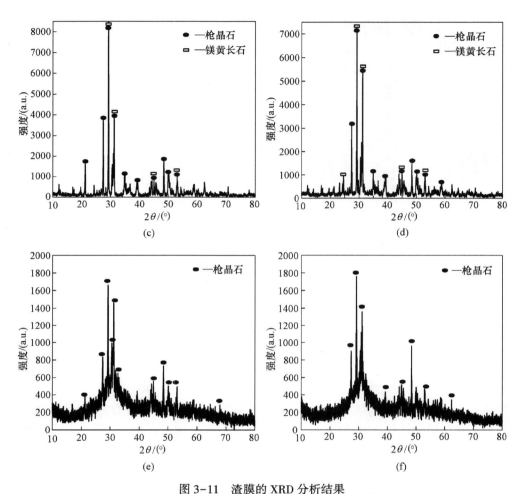

图 3-11 渣膜的 XRD 分析结果

（a）Q235B-1 号渣膜；（b）Q235B-3 号渣膜；（c）Q345B-5 号渣膜；（d）Q345B-7 号渣膜；

（e）Q195L-11 号渣膜；（f）SAE1006-B-12 号渣膜

Q235B 板坯渣膜的结晶矿物主要为黄长石、枪晶石、硅灰石，百分含量（体积分数）都有较大的变化幅度。1 号、2 号正常渣膜结晶率均达到 90%~95%；3 号事故渣膜有玻璃化倾向增大的趋势，结晶率为 65%~70%；4 号事故渣膜虽然具有高达 90%~95% 的结晶率，但熔渣结晶过程中偏向性析出百分含量（体积分数）达 50% 的枪晶石晶体，易使渣膜摩擦力严重增大。Q345B 板坯渣膜的矿物组成主要有黄长石、枪晶石，很少有硅灰石出现。5 号、6 号正常渣膜结晶率相对较低，为 35%~65%，7 号、8 号事故渣膜具有结晶矿物枪晶石或黄长石的偏析现象，而渣膜的结晶率高达 95% 以上。

SS400 板坯渣膜的矿物组成主要为枪晶石和黄长石，与 Q235B、Q345B 板坯渣膜的各矿物含量（体积分数）所占比例均不同，渣膜结晶率却明显高于各种低碳钢 SPHC、Q195L 和 SAE1006-B 板坯渣膜。包晶钢 SS400 在凝固过程中要发生包晶反应产生相变，从而体积骤缩易出现表面纵裂等问题，因而要求较缓慢的传热效果。所以，SS400 板坯渣膜是由于获得较高的结晶率、析出一定量的枪晶石，满足了其连铸生产对控制传热的需求。

低碳钢 SPHC、Q195L 和 SAE1006-B 板坯连铸过程中，容易出现条状缺陷及黏结漏钢现象；此外该类钢种的拉速变化频率较高一些，结晶器中的坯壳也相对较薄，从而要求保护渣能够具有较好的润滑能力。由表 3-9 中的统计结果可以看出，三种低碳钢板坯渣膜中结晶率较低，且只析出枪晶石一种矿物相，该类型的矿相结构在控制传热的基础上有效提高了润滑能力，说明满足低碳钢板坯对保护渣及渣膜性能的要求。

3.3.4 显微结构

在偏光显微镜下对现场不同类型板坯的渣膜的厚度、分层结构、矿物形态、粒度大小等显微结构进行测定分析，结果如图 3-12~图 3-23 所示。

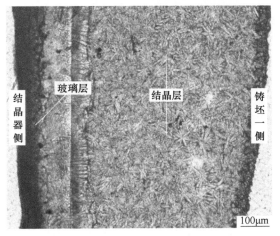

图 3-12　Q235B-1 号渣膜的分层结构　透（-）×100

扫一扫
查看彩图

3.3.4.1　Q235B-1 号渣膜

渣膜厚度不均匀，一般为 1.15~1.40mm；局部最大厚度为 1.65mm，最小厚度为 0.95mm。渣膜整体分层不明显，结晶相占绝大部分；局部分层呈现两层结构，即结晶层—玻璃层，如图 3-12 所示，有时结晶层因矿物组成不同进一步分开层次。紧靠结晶器壁侧为不连续分布的玻璃层，且厚度较小，一般为 0.1~0.15mm；向铸坯方向结晶尺寸逐渐变大，结晶层厚度很不均匀，一般为 0.95~1.30mm。整个渣膜中气孔都很少，仅在靠近结晶器的结晶层中有零星气孔出现，近圆状，直径大小一般在 0.05~0.08mm。气孔率小于 1%。

3.3.4.2 Q235B-2 号渣膜

渣膜厚度不均匀，一般为 0.75~0.90mm。渣膜分层较为复杂，大致呈"结晶层—玻璃层"两层结构，结晶层矿物组成不同进一步分开层次，如图 3-13 所示；个别切片分层呈现玻璃层—结晶层—玻璃层。渣膜结晶相占绝大部分，结晶层厚度在纵向上不均匀，一般中间厚度偏大，为 1.00mm 左右；结晶层在靠近结晶器一侧局部与玻璃层无明显界限；紧靠结晶器壁基本上均为玻璃相，玻璃层不连续分布，厚度在纵向上不均匀，一般为 0.05~0.15mm；在紧靠铸坯侧出现在纵向上不连续分布的结晶层，局部厚度最大达 0.65mm。靠近结晶器壁侧的结晶层中不均匀分布 1%~2% 的气孔，多为近圆状，大小不一。

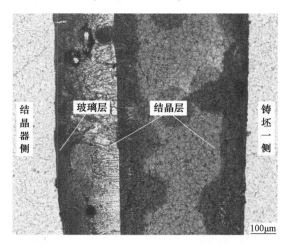

图 3-13 Q235B-2 号渣膜的分层结构 透（-）×100

扫一扫
查看彩图

3.3.4.3 Q235B-3 号渣膜

渣膜厚度比较均匀，一般为 0.90~1.15mm。渣膜整体分层比较明显，一般为 3~4 层的多层结构，结晶层和玻璃层交替出现，即玻璃层—结晶层—玻璃层，有时为结晶层—玻璃层—结晶层—玻璃层，且结晶层因矿物组成和粒度大小不同进一步分开层次，如图 3-14 所示，这可能是由于拉速变化所致。紧靠结晶器壁和铸坯侧一般均为不连续分布的玻璃层，前者厚度一般为 0.10~0.30mm，后者厚度一般为 0.15~0.35mm，局部最大厚度达 0.70mm。紧靠铸坯侧的玻璃层边缘局部因"脱玻化"出现厚度为 0.05~0.10mm 的结晶层；渣膜中部的结晶层厚度较大，一般为 0.30~0.55mm。在靠近器壁侧玻璃层与结晶层的交界处分布着 2%~3% 的气孔，形状多为圆状或椭圆状，大小不一。

3.3.4.4 Q235B-4 号渣膜

渣膜厚度比较均匀，一般为 1.05~1.35mm，局部最大厚度为 1.50mm。渣膜分层较为明显，大致呈两层结构，即结晶层—玻璃层，有时结晶层因矿物组成不

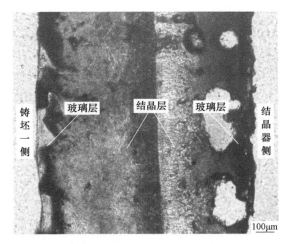

图 3-14 Q235B-3 号渣膜的分层结构 透 (-)×100

同进一步分开层次,如图 3-15 所示。紧靠结晶器侧的玻璃层边缘局部因"脱玻化",发生玻璃相向结晶相的转化,玻璃层中生成细小的雏晶体。靠近铸坯侧结晶层在纵向厚度上有较大变化,这可能是由于渣膜与坯壳的相对运动使得靠近液相区的部分固态渣膜结晶相不断地随液渣消耗掉。少量气孔集中分布在靠近结晶器壁侧,气孔率约为 2%。

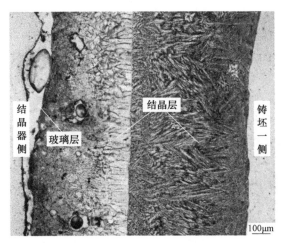

图 3-15 Q235B-4 号渣膜的分层结构 透 (-)×100

3.3.4.5 Q345B-5 号渣膜

渣膜纵向厚度不均匀;局部最大值达 1.10mm,最小值为 0.55mm。渣膜分层现象较为明显,为典型的"结晶层—玻璃层"两层结构(见图 3-16),靠铸坯侧为结晶层，结晶层较均匀，平均厚度 0.50～0.60mm，个别渣膜局部结晶层厚度达 0.70mm，其中黄长石分布在靠铸坯一侧，与枪晶石之间的界线清晰可见。玻璃层厚度极不均匀，局部未出现玻璃层；局部最大厚度达 0.30mm；平均厚度在 0.2mm 左右。而紧靠器壁侧的玻璃相在渣膜纵向上不连续，并且与枪晶石结晶层无明显界线。另外，渣膜中有少量大气孔，多呈现椭圆形，分布于玻璃层与结晶层的交界处，气孔率在 2% 左右。

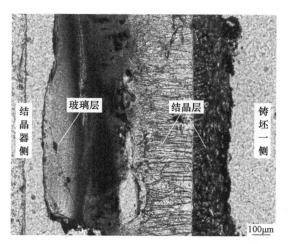

图 3-16　Q345B-5 号渣膜的分层结构　透（-）×100

扫一扫
查看彩图

3.3.4.6　Q345B-6 号渣膜

渣膜纵向厚度较均匀；一般厚度在 0.95～1.10mm 范围内。渣膜结构由铸坯到结晶器壁依次为结晶层—玻璃层—结晶层—玻璃层，多层结构交替出现，如图 3-17 所示，靠近铸坯侧玻璃层和极薄的结晶层即为在浇注过程中渣膜的液相区。紧靠铸坯侧结晶层为厚度约 0.1mm 的黄长石结晶层；中间结晶层厚度为 0.20～0.45mm，由于结晶矿物不同进一步分开层次。玻璃层紧靠器壁玻璃层厚度均匀约 0.15mm；中间玻璃层厚度较大为 0.45～0.60mm。渣膜中气孔很少，仅在靠近结晶器壁的渣膜边缘处有零星气孔出现，气孔率小于 1%。

3.3.4.7　Q345B-7 号渣膜

渣膜纵向厚度较均匀；一般厚度为 1.05～1.20mm。渣膜中几乎全部为结晶层，靠结晶器侧结晶层中多粒状枪晶石结晶体，靠铸坯侧为粒状黄长石结晶体，渣膜结晶体粒度大小不同将渣膜进一步分为界线明显的三层，如图 3-18 所示。结晶层厚度比较均匀，一般为 1.00～1.15mm。渣膜中没有出现玻璃层，个别渣膜中边缘出现极少量玻璃相。渣膜中气孔形状多为近圆状或椭圆状，直径大小不一，零散分布于结晶层中，气孔率约为 2%。

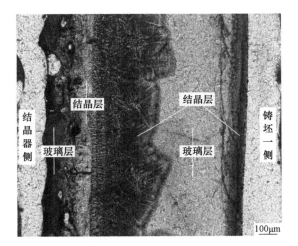

图 3-17　Q345B-6 号渣膜的分层结构　透（-）×100

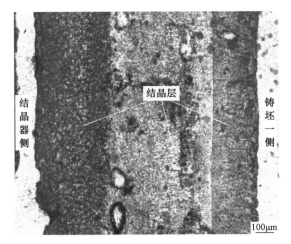

图 3-18　Q345B-7 号渣膜的分层结构　透（-）×100

3.3.4.8　Q345B-8 号渣膜

渣膜纵向厚度不均匀，平均厚度为 1.10~1.20mm。渣膜中几乎全为结晶层，结晶层由黄长石和枪晶石结晶矿物组成，并且由于析晶的先后顺序将结晶层进一步分为两层，如图 3-19 所示。在靠近铸坯侧结晶层中黄长石粒度较小，多呈粒状、局部编织状；枪晶石集中分布在靠近器结晶器壁侧，多呈粒状、矛头状，与中间结晶层黄长石雏晶有明显界线。结晶层平均厚度为 1.05~1.15mm，局部厚度最大达 1.45mm，渣膜中未出现集中分布的玻璃层。渣膜中气孔较少，多为近圆状且直径小，渣膜气孔率小于 1%。

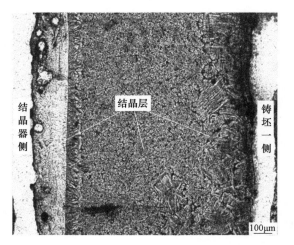

结晶器侧

结晶层

铸坯一侧

100μm

图 3-19　Q345B-8 号渣膜的分层结构　透（-）×100

扫一扫
查看彩图

3.3.4.9　SS400-9 号渣膜

渣膜厚度较均匀，一般为 0.70 ~ 1.05mm。渣膜的结晶率较高，为 55% ~ 60%。渣膜从铸坯至结晶器侧主要有三层结构（玻璃层—结晶层—玻璃层），如图 3-20 所示。结晶层主要分布于近结晶器侧，形成的晶体较为粗大，结晶层厚度一般为 0.40 ~ 0.45mm。分析认为靠近结晶器侧出现结晶层可能是由于固态渣膜受到液态渣膜传热的影响而产生"脱玻化"形成，由于温度梯度的不同，结晶层又进一步分开层次，靠近液渣玻璃层的为晶粒细小的黄长石结晶层，紧接着为枪晶石结晶层。黄长石呈细小雏晶状或菊花状，粒径一般为 0.01 ~ 0.02mm；枪晶石呈矛头状、板状或细小雏晶状，晶体粒径一般为 0.01 ~ 0.04mm，细小雏晶位于中间位置，可能是在冷却过程中冷却速率较铸坯侧大所致。分布在两侧的玻璃层厚度都较均匀，为 0.35 ~ 0.40mm，而靠近结晶器侧的玻璃层有明显的脱玻化倾向。渣膜中气孔多呈圆状，大小不一，气孔率为 3% ~ 5%。

3.3.4.10　SPHC-10 号渣膜

渣膜厚度较均匀，一般为 1.20 ~ 1.60mm。该渣膜结晶率较低，为 5% ~ 10%，渣膜分层较明显，呈结晶层—玻璃层两层结构，如图 3-21 所示。结晶层主要分布于结晶器侧，局部不连续，可见黑色的似烘烤边，结晶矿物为枪晶石，由脱玻化形成，呈矛头状或细粒状集合体，晶体粒径一般为 0.01 ~ 0.03mm。玻璃层分布于靠近铸坯侧，由液态渣膜急速冷却形成，厚度较为均匀，为 1.30 ~ 1.35mm。渣膜中气孔分布不均匀，主要分布于靠近结晶器侧的结晶层中，多呈直径较小的圆孔状，气孔率为 1% ~ 3%。

3.3.4.11　Q195L-11 号渣膜

渣膜厚度较均匀，一般为 1.30 ~ 1.55mm。该渣膜的结晶率为 20% ~ 25%，具

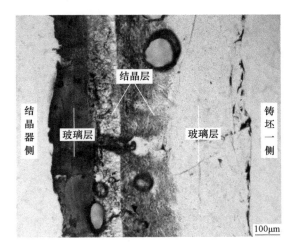

图 3-20 SS400-9 号渣膜的分层结构 透 (-)×100

扫一扫
查看彩图

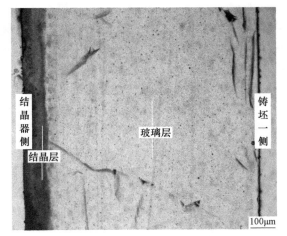

图 3-21 SPHC -10 号渣膜的分层结构 透 (-)×100

扫一扫
查看彩图

有"结晶层—玻璃层"两层结构,如图 3-22 所示,少量渣膜可见结晶层—玻璃层—结晶层三层结构。靠器壁的结晶层厚度较大,为 0.25~0.35mm,结晶层由于结晶的晶体粒度进一步分开层次,均为粒径较小的枪晶石雏晶,一般为 0.04mm 左右,玻璃层靠近铸坯侧,厚度较为均匀,一般为 1.00~1.20mm。渣膜中气孔较少,多呈现椭圆形,主要集中分布于结晶器侧的结晶层里,气孔率为 1%~2%。

3.3.4.12 SAE1006-B-12 号渣膜

渣膜厚度较均匀,一般为 1.30~1.50mm。该渣膜的结晶率较低,为 15%~

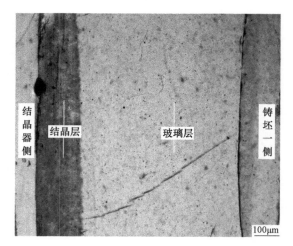

图 3-22 Q195L-11 号渣膜的分层结构 透 (-)×100

20%。从铸坯至结晶器侧多呈结晶层—玻璃层—结晶层—玻璃层多层结构，如图 3-23 所示。在多层结构中，玻璃层占据渣膜绝大部分，结晶层厚度较小，或局部不连续，整个渣膜中只有少量结晶相。结晶矿物主要为枪晶石，晶形呈矛头状或板状，粒径一般为 0.025~0.04mm，靠近铸坯侧的晶粒较小，约 0.01mm；三层结构中，除在铸坯侧有结晶相外，靠近结晶器侧也有少量的结晶相，结晶层厚度为 0.01~0.02mm，该结晶相中的矿物也为枪晶石，呈雏晶状，粒径较细。渣膜中气孔较少，气孔率为 1%~2%。

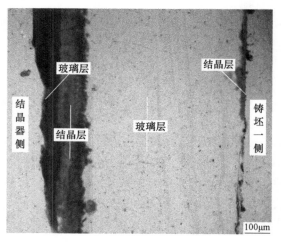

图 3-23 SAE1006-B-12 号渣膜的分层结构 透 (-)×100

综上对板坯连铸保护渣渣膜的矿相结构系统研究发现，不同类型保护渣对应的渣膜中结晶矿物形态、粒度及百分含量（体积分数）略有差别，但矿相分布规律具有一致性。即流入结晶器与铸坯之间的液态熔渣，在靠近结晶器壁侧因急冷首先形成玻璃层，玻璃层与结晶器壁的接触产生较大的界面热阻，使渣膜产生回热现象，引起渣膜中玻璃相向结晶相的转化，发生"脱玻化"现象，析出晶体主要为枪晶石；在靠铸坯一侧温度不断下降，易析出黄长石或硅灰石晶体，并且沿结晶器壁到铸坯方向，一般晶体发育越来越好，结晶尺寸也在逐渐变大。这些都充分说明了保护渣的结晶性能以及渣膜的矿相结构不仅与保护渣的成分有关，而且与结晶器内的冷却条件也密切相关。

保护渣渣膜结晶过程受冷却环境的影响，系统处于非平衡析晶过程，迫使晶体的结晶路程发生改变，使得最终的结晶产物组成、含量（体积分数）、形态等均有较大差异，从而渣膜表现出不同的润滑和传热性能，严重时可能导致铸坯表面质量的异常。本次研究的 Q235B 和 Q235B 板坯实际生产中存在铸坯质量问题，对应的事故是渣膜结晶行为发生异常，但正常渣膜中结晶矿相的含量（体积分数）也有较大的变化幅度。因此，为了更好地保证铸坯质量，连铸生产工作者在开展保护渣成分优化的同时，还需要开展改进冷却水供应制度、优化结晶器维度及其振动方式等方面的工作，以改善结晶器内的冷却环境来满足保护渣平衡析晶的要求。

4 矿物原料对渣膜结构和 保护渣性能的影响

4.1 试验方案及检测方法

4.1.1 配渣体系

连铸保护渣的实际生产过程中，无论是酸性、碱性基料，还是熔剂、碳质材料，均来源于工业级矿物原料及废料。鉴于原材料对保护渣的性能和稳定性以及加工性能有着较大影响，实验室内由化学纯试剂配制而成的保护渣均有一定的局限性，其研究成果不能直接用于现场指导配渣生产。

因此，在实验室内配比不同矿物成分的保护渣，所用原料均采用粒度小于75μm（200目）的工业级天然矿物；考虑到原料来源广泛、成本低廉等方面，以水泥熟料为主，辅以少量硅灰石作为实验渣的基料成分，并添加适量石英砂来调整基料的碱度；选用萤石（CaF_2）、纯碱（Na_2CO_3）和无水硼砂（$Na_2B_4O_7$）作为实验渣的主要熔剂，并配加固定量的熔剂，以合理调节保护渣的黏度和熔点，避免熔化过程中出现分熔现象。各种配渣原料的化学成分分析结果见表4-1。

表4-1 配渣原料的化学成分（质量分数） （%）

名称	CaO	SiO_2	Al_2O_3	MgO	Fe_2O_3	K_2O	Na_2O	B_2O_3	CaF_2	Na_2CO_3
水泥熟料	64.09	21.72	4.88	1.97	3.47	1.65	0.11			
硅灰石	45.72	50.81								
石英砂		>99								
萤石		11.23							84.99	
纯碱										>99
硼砂							30.49	68.51		

为了系统研究保护渣的矿物组成及含量变化对其性能和渣膜结构的影响规律，参考保护渣实际生产中各原料的应用范围以及已知的硅酸盐相平衡状态图，建立表4-2所示的单因素多水平实验渣系，以及表4-3所示的多因素多水平正交实验渣系。由于矿物原料中含有一定量的杂质成分，实验渣的碱度值（CaO/

SiO₂）是经各原料中化学成分计算得出，主要通过改变石英砂和水泥熟料的配比调控实验渣的碱度值。

表4-2　单因素多水平实验渣系的配比方案

渣号	原料成分（质量分数)/%						碱度
	水泥熟料	硼砂	石英	硅灰石	萤石	纯碱	
a1 号	39	8	16	15	10	12	1.2
a2 号	37	8	18	15	10	12	1.1
a3 号	35	8	20	15	10	12	1.0
a4 号	33	8	22	15	10	12	0.9
a5 号	31	8	24	15	10	12	0.8
a6 号	39	8	20	11	10	12	1.0
a7 号	37	8	20	13	10	12	1.0
a8 号	35	8	20	15	10	12	1.0
a9 号	33	8	20	17	10	12	1.0
a10 号	31	8	20	19	10	12	1.0
a11 号	37	8	20	15	8	12	1.0
a12 号	35	8	20	15	10	12	1.0
a13 号	33	8	20	15	12	12	1.0
a14 号	31	8	20	15	14	12	1.0
a15 号	29	8	20	15	16	12	1.0
a16 号	37	8	20	15	10	10	1.0
a17 号	35	8	20	15	10	12	1.0
a18 号	33	8	20	15	10	14	1.0
a19 号	31	8	20	15	10	16	1.0
a20 号	29	8	20	15	10	18	1.0

表4-3　多因素多水平实验渣系的配比方案

渣号	原料成分（质量分数)/%						碱度
	纯碱	萤石	硼砂	硅灰石	石英砂	水泥熟料	
b1 号	10	8	6	13	21.28	41.72	1.0
b2 号	11	9	7	14	20.36	38.64	1.0
b3 号	12	10	8	15	20.00	35.00	1.0
b4 号	13	11	9	16	18.30	32.70	1.0
b5 号	14	12	10	17	17.37	29.63	1.0

渣号	原料成分（质量分数）/%						碱度
	纯碱	萤石	硼砂	硅灰石	石英砂	水泥熟料	
b6 号	10	9	8	16	22.28	34.72	0.9
b7 号	11	10	9	17	21.30	31.70	0.9
b8 号	12	11	10	13	21.87	32.13	0.9
b9 号	13	12	6	14	22.92	32.08	0.9
b10 号	14	8	7	15	21.70	34.30	0.9
b11 号	10	10	10	14	17.05	38.95	1.1
b12 号	11	11	6	15	18.04	38.96	1.1
b13 号	12	12	7	16	17.06	35.94	1.1
b14 号	13	8	8	17	15.89	38.11	1.1
b15 号	14	9	9	13	16.59	38.41	1.1
b16 号	10	11	7	17	14.98	40.02	1.2
b17 号	11	12	8	13	15.83	40.17	1.2
b18 号	12	8	9	14	14.59	42.41	1.2
b19 号	13	9	10	15	13.75	39.25	1.2
b20 号	14	10	6	16	14.72	39.28	1.2
b21 号	10	12	9	15	13.10	40.90	1.3
b22 号	11	8	10	16	11.88	43.12	1.3
b23 号	12	9	6	17	12.82	43.18	1.3
b24 号	13	10	7	13	13.72	43.28	1.3
b25 号	14	11	8	14	12.82	40.18	1.3

4.1.2　检测方法

4.1.2.1　保护渣物理性能测试方法

保护渣是一种混合物，没有固定的熔点，采用 RDS-04 全自动炉渣物性综合测定仪对实验室配置的保护渣熔点进行测试，如图 4-1 所示。其原理是应用试样变形法测定保护渣试样变形量与温度之间的关系，其中保护渣试样开始变形的温度定为初始熔化温度，试样高度降为原高度的 1/2 呈半球形时的温度定为半球点温度，即保护渣的熔点。

利用 HF-201 型结晶器渣膜热流模拟和黏度测试仪，在 1300℃ 温度下对实验渣进行黏度测试，在 1400℃ 温度下进行热流密度测试。该仪器由数据采集系统、控制系统、测试系统、加热系统和冷却系统五部分组成，如图 4-2 所示。其测试流程为每次取待测保护渣试样 350g，将 φ50mm×80mm 石墨坩埚放入炉腔内预热，当坩埚温度上升到 1200℃ 时，将保护渣分三次加入坩埚中；待温度上升到

图 4-1　全自动炉渣物性综合测定仪

扫一扫
查看彩图

1300℃时，将标定好的测试系统下降，直至钼锤探头没入保护渣熔体内，开启选装按钮，测试保护渣黏度；之后再继续升温至 1400℃并稳定 10min，将铜探头浸入液态保护渣，探头下表面接触液面开始计时，45s 后探头自动取出，即可获得实验渣的相关热流密度值。

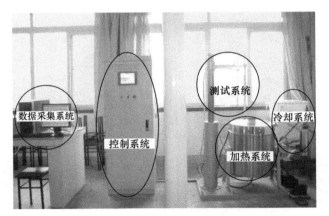

图 4-2　结晶器渣膜热流模拟和黏度测试仪

扫一扫
查看彩图

　　保护渣结晶温度是在一定的冷却速率下，采用差热分析法测定熔融保护渣冷凝曲线的放热峰所对应的温度，也可定义为熔融保护渣在一定降温速率条件下开始析出晶体的温度。利用 SHTT-Ⅱ型熔渣结晶性能测定仪，在 1℃/min 冷却速率下对保护渣原渣进行结晶温度测试。测试装置由计算机、控温仪表、显微镜、微型电炉四部分构成，如图 4-3 所示。测试的基本流程为将实验渣磨至 75μm（200 目）以下，再用酒精混匀，置于 U 形热丝上，按设定的控温曲线进行加热测试，并且测试中实验渣的整个物性变化过程都可以在线观察，如图 4-4 所示。

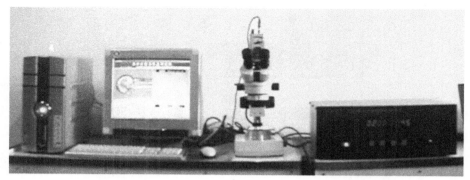

图 4-3　热丝法熔渣结晶温度测定仪

扫一扫
查看彩图

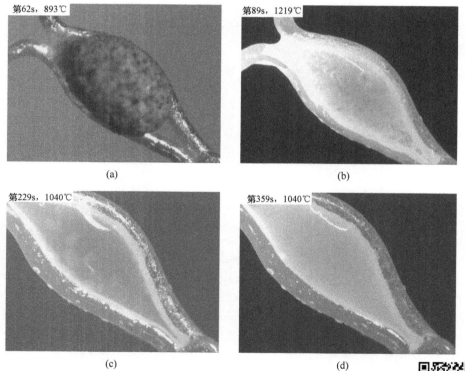

图 4-4　热丝法实验观察保护渣的熔化和结晶过程
（a）开始熔化；（b）完全熔化；（c）结晶开始；（d）结晶结束

扫一扫
查看彩图

图 4-5 所示为热丝法降温结晶和等温结晶实验的控温曲线。计算机不仅采集试样测试过程中的图像，同时也以图文方式直接显示出变化的温度值和时间，根据采集的图像可得出结晶温度、结晶孕育时间、临界冷却速度等参数，可更直观地研究保护渣随温度、冷却速度等条件下的微观变化过程。并且热丝法测试的最大冷却速度可达 150℃/s，能满足连铸现场的冷却速率为 1~20℃/s 的要求。

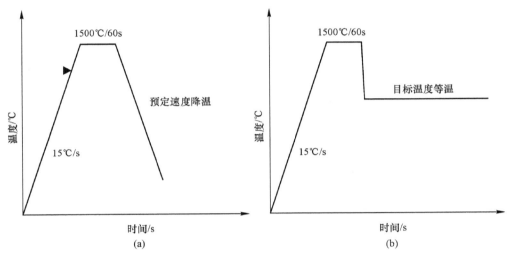

图 4-5　热丝法实验控温制度

(a) 降温结晶实验；(b) 等温结晶实验

CCT 测试的温度控制模式如图 4-5 (a) 所示。首先以 15℃/s 的速率将实验渣升温至 1500℃，并且做恒温 60s 处理，目的是均化渣样成分、除去熔渣中气泡；其后以不同的速度将渣样降温至 800℃。根据计算机在测试过程中采集的图文数据，可得到实验渣在不同冷却速度下的结晶温度和时间，并以此构建实验渣的 CCT 曲线。CCT 曲线将开始降温的时间记为零时刻，定义实验渣样能够析出晶体时的最大冷却速度为临界冷却速度。

TTT 测试的温度控制模式如图 4-5 (b) 所示。实验开始时的升温制度同 CCT 测试一致，以 15℃/s 的速率升温至 1500℃，且恒温 60s 均化处理，然后在 5s 时间内降温至各目标温度等温。根据计算机在测试过程中采集的图文数据，判断实验渣在各等温温度下结晶开始和结束的时刻。TTT 曲线将达到等温温度的时间记为零时刻，定义渣样从等温开始至有晶体析出时的时间为结晶孕育时间。

4.1.2.2 结晶器渣膜的模拟装置

连铸过程中保护渣通过高温熔融在结晶器壁与铸坯之间形成渣膜，合理的渣膜矿相结构对保证铸坯质量具有非常重要的意义。采用 HF-201 型结晶器渣膜热流模拟和黏度测试仪，测定实验渣的黏度和热流密度，同时可获取实验渣的固态渣膜，用于研究保护渣的不同矿物成分配比对渣膜结晶矿相、结晶率的影响规律。为了获得与工业现场渣膜相似的晶体形态，冷却水流量应保持在 0.2m³/h，探头浸入时间设定为 45s。进入热流测试系统，待温度升高至 1400℃并稳定 10min后，将铜探头浸入液态保护渣，探头下表面接触液渣面开始计时，45s 后探头将自动取出，即可获得黏附在铜探头上的固态渣膜，如图 4-6 和图 4-7 所示。

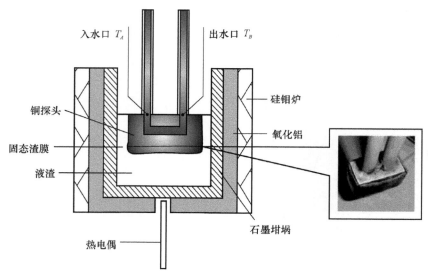

图 4-6　渣膜热流模拟仪探头示意图

（a）　　　　　　　　　　　　　　　（b）

图 4-7　实验固态渣膜的表观照片

（a）远离铜探头的渣膜表面；（b）靠近铜探头的渣膜表面

4.1.2.3　渣膜矿相结构分析方法

渣膜的矿相结构主要以结晶矿物组成及含量（体积分数）、结晶率、分层结构、晶粒大小及形貌等特征来反映。因此，本书主要采用德国蔡司 Axio

Scope A1 透/反两用研究型偏光显微镜，如图4-8（a）所示，并结合 BDX-3200 型 X 射线衍射仪［见图4-8（b）］对实验固态渣膜的矿相结构进行系统研究。

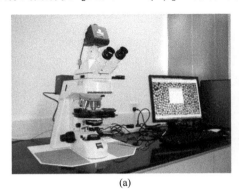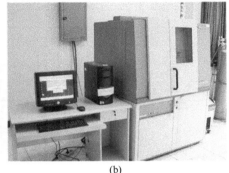

(a)   (b)

图 4-8 渣膜矿相结构研究设备

（a）Axio Scope A1 透/反两用偏光显微镜；（b）BDX-3200 型 X 射线衍射仪

扫一扫
查看彩图

A　X 射线衍射分析法

该方法是首先将固态渣膜实验样品磨细到 $38\mu m$（400 目）左右，采用 X 射线衍射全扫描的方式分析得到渣膜试样的 XRD 图谱；进一步将所测试样的图谱与 Jade 软件中 PDF 卡片库中的"标准卡片"一一对照，就能检索出试样中的全部物相。但该方法的不足之处在于不能精确实现对物相所占百分含量的定量统计。

B　显微镜目估分析法

该方法是系统研究渣膜厚度、分层结构、矿物组成及体积百分含量、结晶率、晶粒大小及形貌的常用方法。其中，渣膜中结晶矿物的体积百分含量（体积分数）是通过百分数的参比图在显微镜下目估统计得到，误差一般可控制在 3% 以下；显微镜下目估法同样适用于分层结构不均匀的渣膜结晶率的测定，而对于分层结构均匀的渣膜，通常可以用渣膜结晶层厚度与渣膜总厚度的比值作为结晶率。

4.2　矿物原料对渣膜矿相结构的影响

4.2.1　石英的影响

从结晶器渣膜的模拟装置中获得实验渣对应的固态渣膜，分别选出代表性试样，沿厚度方向磨制成光薄片；运用透/反偏光显微镜观察并辅以 XRD 分析等手段，对渣膜的矿物组成、含量（体积分数）及结晶率分别进行鉴定分析。表4-4、图4-9 和图4-10 为石英系列（为 16%~24%）实验渣对应渣膜矿相结构的鉴定分析结果。

表 4-4 石英系列实验渣渣膜的矿物组成及结晶率

渣号	石英（质量分数）/%	渣膜的矿相统计（体积分数）/%			
		硅灰石	枪晶石	玻璃相	结晶率
a1 号	6	10~15	75~80	5~10	90~95
a2 号	18	20~25	65~70	5~10	90~95
a3 号	20	45~50	35~40	15~20	80~85
a4 号	22	55~60	5~10	35~40	60~65
a5 号	24	50~55	0~5	40~45	55~60

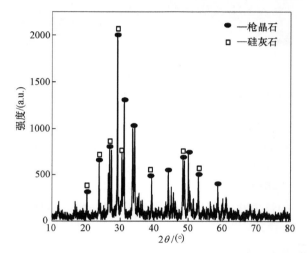

图 4-9 实验渣 a2 号（石英=18%）对应渣膜的 XRD 图谱

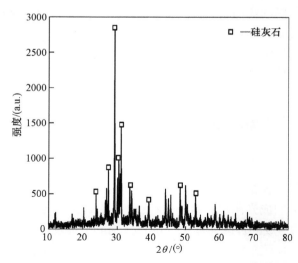

图 4-10 实验渣 a4 号（石英=22%）对应渣膜的 XRD 图谱

由表4-4可以看出，石英系列实验渣渣膜中结晶矿物主要为硅灰石、枪晶石，在偏光显微镜下没有发现黄长石、霞石等矿物生成；随实验渣中石英配加量的增加，渣膜的结晶率以及结晶矿物的体积百分含量（体积分数）都有较大的变化幅度。

当石英配加量小于等于18%时，渣膜结晶率都高达90%~95%；结晶矿物相均以枪晶石为主，占渣膜总含量（体积分数）的比例为65%~75%，另外含有少量的硅灰石。

实验渣a3号的石英配加量为20%，该渣对应的渣膜结晶率下降到80%~85%；结晶矿物的含量（体积分数）也有较大的变化幅度，渣膜中结晶矿物硅灰石含量（体积分数）不断增大，枪晶石含量（体积分数）急剧减小，说明石英可促进渣膜中硅灰石结晶，并抑制枪晶石结晶。

当石英配加量超过22%以后，渣膜结晶率表现为继续下降的趋势，说明石英可促进渣膜的玻璃化倾向，减弱渣膜的结晶程度。由于枪晶石结晶受抑制，渣膜中的枪晶石含量（体积分数）逐渐减少直至消失，结晶矿相开始以硅灰石为主，这与石英系列实验渣渣膜的XRD分析结果相一致，如图4-9和图4-10所示。

图4-11所示为石英系列实验渣渣膜的微观结构。由图可见，对于石英（16%~24%）系列的保护渣渣膜，随石英含量（体积分数）的增加，实验渣渣膜矿相结构也在不断改变，渣膜中的结晶体种类、晶体的形态及大小、晶体的发育程度等都有明显的差异。

当石英配加量小于等于18%时，渣膜的结晶体主要以矛头状的枪晶石为主，如图4-12（a）、（b）所示，同时含有少量短柱状的硅灰石；结晶矿物相均以枪晶石为主，对渣膜控制传热有利。相比而言，实验渣a2号对应的渣膜中硅灰石发育明显好于实验渣a1号的渣膜，这同样说明了石英配加量的增加，对渣膜中硅灰石结晶具有促进作用。

 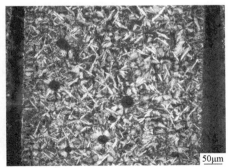

（a）　　　　　　　　　　　　　　（b）

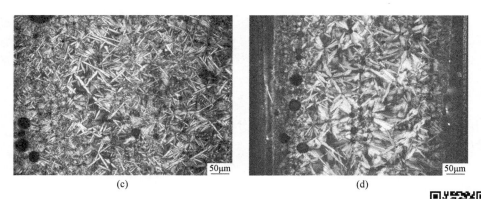

图 4-11 石英系列实验渣对应渣膜的显微结构

（a）a1 号（石英=16%）对应渣膜 透（+）×100；（b）a2 号（石英=18%）
对应渣膜 透（+）×100；（c）a3 号（石英=20%）对应渣膜 透（+）×100；
（d）a4 号（石英=22%）对应渣膜 透（+）×100

扫一扫
查看彩图

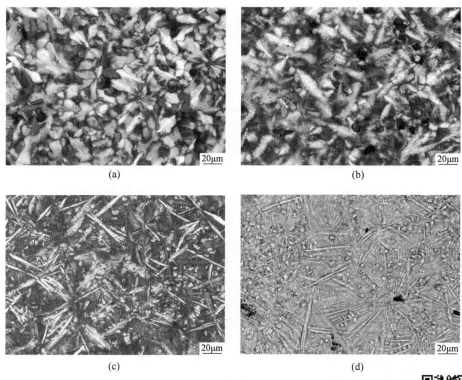

图 4-12 石英系列实验渣膜中的结晶矿物枪晶石

（a）a1 号渣膜中矛头状枪晶石 透（+）×200；（b）a2 号渣膜中矛头状
枪晶石 透（+）×200；（c）a3 号渣膜中细粒状枪晶石 透（+）×200；
（d）a3 号渣膜中散粒状枪晶石 透（-）×200

扫一扫
查看彩图

在石英配加量为 20% 的实验渣渣膜中，枪晶石结晶受到抑制，晶体形态多表现为粒状，如图 4-12（c）、（d）所示；结晶矿物硅灰石则呈现纤维状、板条状，如图 4-13（a）、（b）所示。当继续增加实验渣中石英的含量（质量分数），硅灰石晶体发育进一步得到促进，渣膜中硅灰石以集合体形式大量出现；而枪晶石析晶受到限制，渣膜中枪晶石晶体会逐渐减少。

当石英配加量超过 22% 以后，渣膜的玻璃化倾向明显增大，结晶率降至 60% 左右，渣膜中常见放射状、叶片状硅灰石集合体，如图 4-13（c）、（d）所示；渣膜中几乎没有枪晶石晶体析出，这种矿相结构的特点对渣膜的润滑有利。

(a)　　　　　　　　　　　　　　(b)

(c)　　　　　　　　　　　　　　(d)

图 4-13　石英系列实验渣膜中的结晶矿物硅灰石
（a）a2 号渣膜中纤维状硅灰石　透（+）×200；（b）a3 号渣膜中板条状
硅灰石　透（+）×200；（c）a4 号渣膜中放射状硅灰石　透（+）×200；
（d）a5 号渣膜中叶片状硅灰石　透（+）×200

扫一扫
查看彩图

4.2.2　硅灰石的影响

在偏光显微镜下观察并辅以 XRD 分析手段，对硅灰石系列（11%~19%）实验渣渣膜的矿物组成、含量及结晶率进行鉴定分析，其结果见表 4-5、图 4-14 和图 4-15。

表 4-5　硅灰石系列实验渣渣膜的矿物组成及结晶率

渣号	硅灰石配加量（质量分数）/%	渣膜的矿相统计（体积分数）/%			
		硅灰石	枪晶石	玻璃相	结晶率
a6 号	11	45~50	45~50	5~10	90~95
a7 号	13	50~55	35~40	10~15	85~90
a8 号	15	45~50	35~40	15~20	80~85
a9 号	17	75~80	5~10	15~20	80~85
a10 号	19	80~85	0~5	10~15	85~90

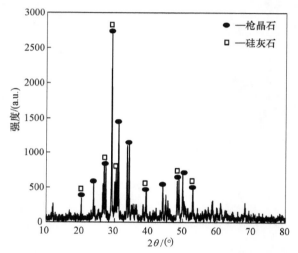

图 4-14　实验渣 a7 号（硅灰石 = 13%）对应渣膜的 XRD 图谱

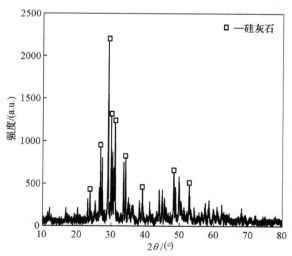

图 4-15　实验渣 a9 号（硅灰石 = 17%）对应渣膜的 XRD 图谱

由表4-5可以看出，同石英系列实验渣渣膜一样，硅灰石系列实验渣渣膜中结晶矿物仍然为硅灰石、枪晶石；随实验渣中硅灰石配加量的增加，渣膜的结晶率变化不大，但两种结晶矿物的体积百分含量（体积分数）都有较明显的变化。

当硅灰石配加量小于等于15%时，渣膜依然具有较高的结晶能力，结晶率都高达80%以上；渣膜中结晶矿物相都有硅灰石和枪晶石，并且二者占渣膜总含量（体积分数）的比例相当，图4-14所示为实验渣a7号对应的渣膜XRD衍射分析结果。

当硅灰石配加量超过15%以后，渣膜中结晶矿物硅灰石含量（体积分数）才开始增大，枪晶石含量（体积分数）急剧减小，但渣膜的结晶率变化不大，这说明保护渣中硅灰石配加量对渣膜结晶程度的影响略小于石英的影响。

当硅灰石配加量超过17%以后，对枪晶石结晶的抑制作用明显增大，渣膜中几乎没有枪晶石晶体的析出；渣膜中结晶矿相主要为硅灰石，占渣膜总含量（体积分数）的80%左右，图4-15所示为对实验渣a9号的渣膜矿物相进行的XRD粉晶衍射分析，其结果进一步印证了上述结论。此外当硅灰石配加量超过17%以后，促进了渣膜中硅灰石的结晶，同时抑制了枪晶石的生成，可使渣膜在不恶化润滑的前提下而有效的控制传热。

硅灰石系列实验渣对应渣膜的显微结构如图4-16所示。由图可以看出，保护渣原料中硅灰石含量（质量分数）的增加，对渣膜中的结晶体种类、晶体的形态及大小、晶体的发育程度等都有明显的影响，但对渣膜整体的结晶程度影响不大。

当实验渣原料中硅灰石配加量小于等于15%时，对应渣膜中均有枪晶石和硅灰石两种结晶矿物，枪晶石结晶体在渣膜中多呈现矛头状、细粒状，局部还出现柱状，如图4-17所示；而渣膜中的硅灰石结晶体多以针状、纤维状集合体为主，如图4-18（a）所示。

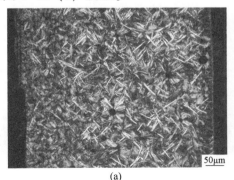 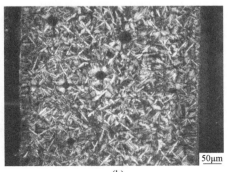

(a)　　　　　　　　　　　　　　(b)

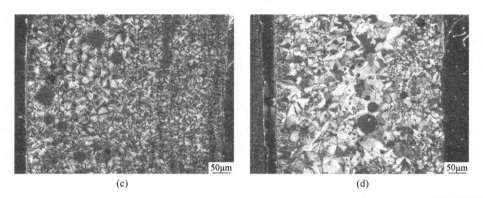

(c)　　　　　　　　　　　　　　　　　(d)

图 4-16　硅灰石系列实验渣对应渣膜的显微结构

（a）a6 号（硅灰石 = 11%）对应渣膜　透（+）×100；（b）a7 号
（硅灰石 = 13%）对应渣膜　透（+）×100；（c）a9 号（硅灰石 = 17%）对应渣膜
透（+）×100；（d）a10 号（硅灰石 = 19%）
对应渣膜　透（+）×100

扫一扫
查看彩图

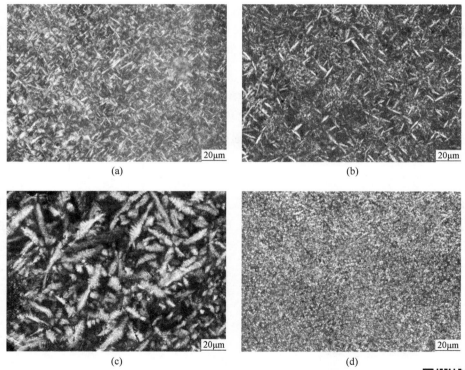

(a)　　　　　　　　　　　　　　　　　(b)

(c)　　　　　　　　　　　　　　　　　(d)

图 4-17　硅灰石系列实验渣膜中的结晶矿物枪晶石

（a）a6 号渣膜中矛头状枪晶石　透（+）×200；（b）a7 号渣膜中矛头状枪晶石
透（+）×200；（c）a8 号渣膜中柱状枪晶石　透（+）×200；
（d）a8 号渣膜中细粒状枪晶石　透（+）×200

扫一扫
查看彩图

当硅灰石配加量超过 17% 以后，枪晶石结晶发育明显受到抑制，而硅灰石结晶发育却得到进一步促进；渣膜中针状、纤维状的硅灰石结晶体最终发育成放射状、叶片状的集合体，如图 4-18 (b)、(c) 所示；实验渣渣膜中还出现了大量骨骸状硅灰石集合体，如图 4-18 (d) 所示。在保护渣中配加适量硅灰石，促进渣膜中硅灰石的结晶，同时避免枪晶石的生成，可实现在不恶化润滑的前提下，有效控制渣膜的传热效果。

图 4-18　硅灰石系列实验渣膜中的结晶矿物硅灰石

(a) a8 号渣膜中针状硅灰石　透 (+)×200；(b) a9 号渣膜中放射状硅灰石
透 (+)×200；(c) a9 号渣膜中叶片状硅灰石　透 (+)×200；
(d) a10 号渣膜中骨骸状硅灰石　透 (+)×200

扫一扫
查看彩图

4.2.3　萤石的影响

在偏光显微镜下观察并辅以 XRD 分析手段，对萤石系列 (8% ~ 16%) 实验渣渣膜的矿物组成、含量及结晶率进行鉴定分析，其结果见表 4-6、图 4-19 和图 4-20。

表 4-6 萤石系列实验渣渣膜的矿物组成及结晶率

渣号	萤石配加量（质量分数）/%	渣膜的矿相统计（体积分数）/%			
		硅灰石	枪晶石	玻璃相	结晶率
a11 号	8	55~60	15~20	25~30	70~75
a12 号	10	45~50	35~40	15~20	80~85
a13 号	12	25~30	60~65	10~15	85~90
a14 号	14	0~5	85~90	10~15	85~90
a15 号	16	0~5	90~95	5~10	90~95

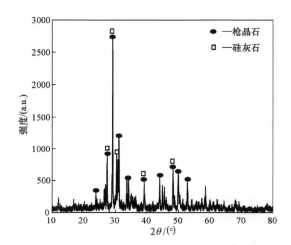

图 4-19 实验渣 a13 号（萤石 = 12%）对应渣膜的 XRD 图谱

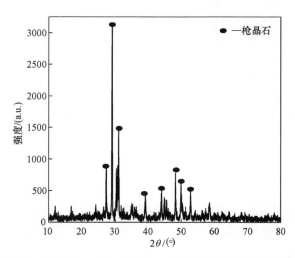

图 4-20 实验渣 a14 号（萤石 = 14%）对应渣膜的 XRD 图谱

　　由表 4-6 可以看出，萤石系列实验渣渣膜中结晶矿物同样为硅灰石、枪晶石；随实验渣中萤石配加量的增加，结晶矿物枪晶石的含量（体积分数）、渣膜的结晶率逐渐增大，结晶矿物硅灰石的含量（体积分数）明显减小。

　　当萤石配加量小于等于 12% 时，随萤石配加量的增加，渣膜结晶率稳定升高，结晶矿物枪晶石含量（体积分数）持续增大，硅灰石结晶受到抑制而含量（体积分数）急剧减小。说明保护渣中萤石含量（体积分数）的增加，可增大渣膜的结晶程度，同时促进了枪晶石的生成，抑制了硅灰石的生成。

　　当萤石配加量超过 14% 以后，由于枪晶石大量结晶，导致硅灰石结晶受限，所以渣膜中几乎没有硅灰石析出，结晶矿相都以枪晶石为主，这与萤石系列实验渣渣膜的 XRD 分析结果相一致，如图 4-19 和图 4-20 所示。渣膜中结晶矿物枪晶石大量生成，结晶率高达 90% 时，渣膜控制结晶器内热量传递的能力较好；但渣膜中枪晶石晶体的过量生成，同时也可能恶化渣膜对铸坯的润滑性能，易引发黏结漏钢事故。

　　图 4-21 ~ 图 4-23 所示为萤石系列实验渣渣膜中矿物相微观结构。从实验渣 a11 号 ~ 渣 a13 号的渣膜显微结构中可以看出，保护渣中萤石配加量小于等于 12%

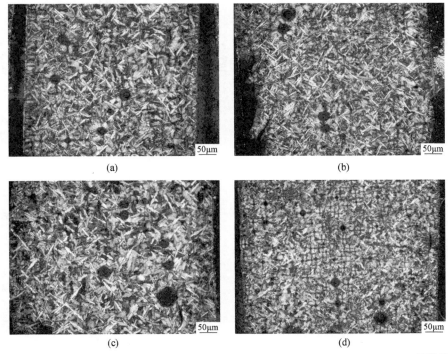

(a) 　　　　　　　　　　　　　　　(b)

(c) 　　　　　　　　　　　　　　　(d)

图 4-21　萤石系列实验渣对应渣膜的显微结构

（a）a11 号（萤石 = 8%）对应渣膜　透（+）×100；（b）a13 号（萤石 = 12%）
对应渣膜　透（+）×100；（c）a14 号（萤石 = 14%）对应渣膜　透（+）×100；
（d）a15 号（萤石 = 16%）对应渣膜　透（+）×100

扫一扫
查看彩图

(a)   (b)

图 4-22   萤石系列实验渣膜中的结晶矿物硅灰石

（a）a11 号渣膜中短柱状硅灰石   透（+）×200；

（b）a13 号渣膜中杆状硅灰石   透（+）×200

(a)   (b)

(c)   (d)

图 4-23   萤石系列实验渣膜中的结晶矿物枪晶石

（a）a11 号渣膜中饼状枪晶石   透（+）×200；（b）a13 号渣膜中矛头状

枪晶石   透（+）×200；（c）a14 号渣膜中矛头状枪晶石   透（-）×200；

（d）a15 号渣膜中长矛状枪晶石   透（+）×200

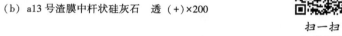

扫一扫
查看彩图

扫一扫
查看彩图

时，渣膜中发现有硅灰石和枪晶石两种结晶矿物，硅灰石结晶体多以短柱状、杆状为主，如图 4-22 所示，局部还出现放射状集合体；与硅灰石相比，枪晶石结晶体在渣膜中发育程度差，同时呈现粒状、小饼状、矛头状等多种形态不均匀分布，如图 4-23 （a）、（b）所示。

当萤石配加量超过 14% 以后，渣膜中枪晶石晶体大量析出，几乎没有硅灰石晶体的生成；并且渣膜中枪晶石的发育程度较好，晶体粒度变大，由粒状、矛头状发育成为长矛状，如图 4-23 （c）、（d）所示。保护渣渣膜中枪晶石的大量生成，虽然可以有效控制传热，改善铸坯表面纵裂纹等质量问题，但同时也可能恶化渣膜的润滑性能，易引发黏结漏钢事故。因此，在浇注对润滑要求较高的钢种时，应在保护渣原料中适量配加萤石，以避免渣膜中枪晶石晶体的过量生成。

由于萤石加入低碱度渣中加热至 900℃ 后就会与 SiO_2 发生反应产生 SiF_4 挥发气体，故低碱度渣中萤石含量（质量分数）对渣膜中枪晶石的含量（体积分数）影响不大；而提高保护渣的碱度能有效减少含氟保护渣熔融过程中氟气体的生成，有利于渣膜中枪晶石晶体的大量析出。因此，适当提高中碳钢高氟保护渣的碱度，可促使枪晶石晶体大量析出，渣膜结晶率增大，从而有效控制传热，改善铸坯表面质量。

4.2.4　纯碱的影响

在偏光显微镜下观察并辅以 XRD 分析手段，对纯碱系列（为 10%~18%）实验渣渣膜的矿物组成、含量及结晶率进行鉴定分析，其结果见表 4-7、图 4-24 和图 4-25。

表 4-7　纯碱系列实验渣渣膜的矿物组成及结晶率

渣号	纯碱配加量（质量分数）/%	渣膜的矿相统计（体积分数）/%			
		硅灰石	枪晶石	玻璃相	结晶率
a16 号	10	70~75	20~25	5~10	90~95
a17 号	12	45~50	35~40	15~20	80~85
a18 号	14	30~35	45~50	20~25	75~80
a19 号	16	5~10	75~80	15~20	80~85
a20 号	18	0~5	75~80	20~25	75~80

由表 4-7 可以看出，纯碱系列实验渣渣膜中结晶矿物仍然为硅灰石和枪晶石；随实验渣中纯碱配加量的增加，渣膜结晶率具有下降的趋势，而结晶矿物硅灰石的含量（体积分数）明显减小，结晶矿物枪晶石的含量（体积分数）却在增大。说明保护渣中纯碱含量（质量分数）的增加，可促进枪晶石的结晶，抑制硅灰石的生成，降低渣膜的结晶能力。

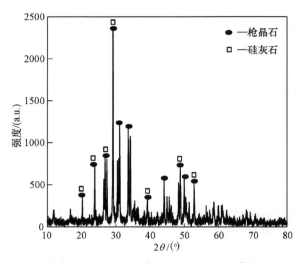

图 4-24 实验渣 a18 号（纯碱＝14%）对应渣膜的 XRD 图谱

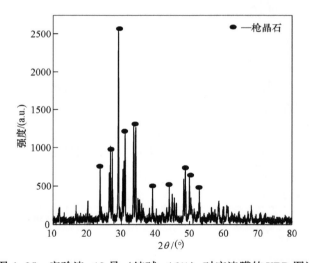

图 4-25 实验渣 a19 号（纯碱＝16%）对应渣膜的 XRD 图谱

当纯碱配加量小于等于 14% 时，渣膜结晶率小幅度降低，纯碱对渣膜结晶能力的抑制作用略有体现；图 4-24 所示为对实验渣 a18 号的渣膜矿物相进行的 XRD 粉晶衍射分析，其结果表明渣膜中存在硅灰石和枪晶石两种结晶矿物。

当纯碱配加量超过 16% 以后，对渣膜结晶率影响不大，而对硅灰石结晶的抑制作用显著增大，渣膜中几乎没有硅灰石晶体析出；对实验渣 a19 号的渣膜进行 XRD 分析，图 4-25 显示渣膜中只有枪晶石晶体。

渣膜在结晶过程中偏向性析出大量枪晶石晶体，利于有效地控制传热，却会增大摩擦阻力，造成渣膜对铸坯的润滑性能极易恶化。因此，通过控制保护渣中纯碱含量（质量分数）小于等于14%，可实现渣膜在保证润滑的同时，而有效地控制传热。

纯碱的含量（质量分数）对渣膜结晶矿相的影响与渣系本身的其他组成也有很大关系。在低碱度、低 Al_2O_3 的基渣中添加适量纯碱，可促进枪晶石、抑制硅灰石生成，降低渣膜结晶率；而在高碱度渣系中随纯碱含量（质量分数）增加，可促进结晶矿物硅灰石、黄长石生成，增大渣膜结晶率。因此，如果要通过析晶来控制传热，低碱度渣须控制纯碱含量（质量分数）小于等于14%。

图4-26、图4-27和图4-28所示为纯碱系列实验渣渣膜中矿物相微观结构。

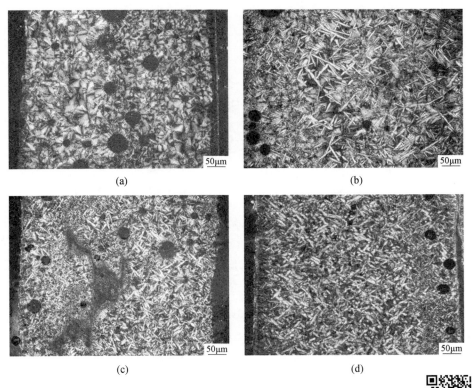

图4-26 纯碱系列实验渣对应渣膜的显微结构

（a）a16号（纯碱=10%）对应渣膜 透（+）×100；（b）a17号（纯碱=12%）
对应渣膜 透（+）×100；（c）a18号（纯碱=14%）对应渣膜 透（+）×100；
（d）a19号（纯碱=16%）对应渣膜 透（+）×100

扫一扫
查看彩图

由图可以看出，当保护渣中纯碱含量（质量分数）小于等于14%时，渣膜中有硅灰石和枪晶石两种结晶矿物，硅灰石结晶体多以板状、短柱状、纤维状为主，局部还见杆状，如图4-27所示；而枪晶石结晶体多呈现矛头状、粗粒状，局部还见长矛状，如图4-28所示。

图 4-27 纯碱系列实验渣膜中的结晶矿物硅灰石
（a）a16号渣膜中板状硅灰石 透（+）×200；（b）a17号渣膜中短柱状硅灰石 透（+）×200；（c）a17号渣膜中杆状硅灰石 透（+）×200；（d）a18号渣膜中纤维状硅灰石 透（+）×200

扫一扫
查看彩图

当纯碱配加量超过16%以后，渣膜中枪晶石晶体大量析出，几乎没有硅灰石晶体的生成；虽然渣膜中具有一定比例的玻璃相，有利于润滑，但渣膜偏向性析出枪晶石晶体，同时也极可能恶化润滑，引发黏结漏钢事故。

因此，在浇注中碳钢、包晶钢等裂纹敏感性钢种时，选择在保护渣中配加适量纯碱，有利于渣膜获得较高结晶能力来控制结晶器内的传热；但同时应注意控制纯碱含量（质量分数）小于等于14%，以避免渣膜中枪晶石晶体偏向性析出，保证渣膜同时具有良好的润滑性能。

图 4-28　纯碱系列实验渣膜中的结晶矿物枪晶石
（a）a16 号渣膜中粗粒状枪晶石　透（+）×200；（b）a17 号渣膜中矛头状
枪晶石　透（+）×200；（c）a18 号渣膜中矛头状枪晶石　透（+）×200；
（d）a19 号渣膜中长矛状枪晶石　透（+）×200

扫一扫
查看彩图

4.3　矿物原料对渣膜结晶行为的影响

4.3.1　石英的影响

　　保护渣的结晶温度是其物质组成和冷却速度的函数，所以衡量一个具体保护渣结晶温度高低或比较两个不同组成保护渣的结晶能力时，通常是在一个确定的冷却条件下考虑。图 4-29 所示为石英系列（为 16%～24%）实验保护渣的 CCT 曲线，可以看出保护渣在不同冷却速度下的结晶温度和时间，曲线上冷却速度的最大值定义为临界冷却速度。实验结果表明，对同一种保护渣，结晶温度随冷却速度的增大而降低，5℃/s 以后保护渣的结晶温度会急剧下降；从结晶的动力学角度考虑，这是由熔渣的黏度和过冷度决定的。对石英系列的保护渣，在同一冷却速度下石英含量（质量分数）增加，结晶温度降低，说明石英有减弱保护渣结晶能力的作用。

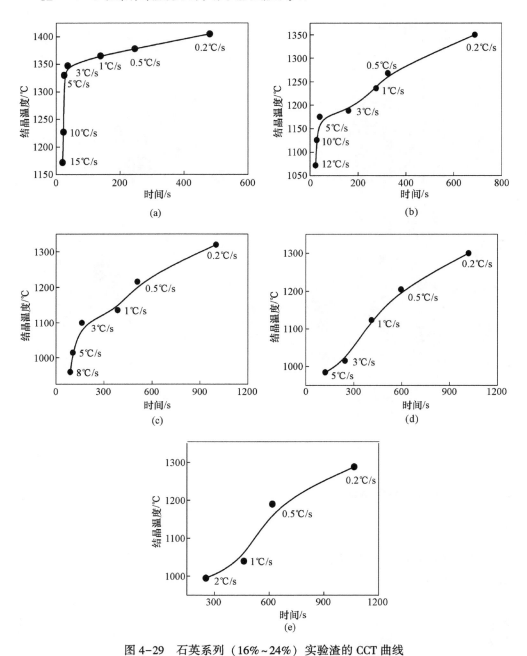

图 4-29　石英系列（16%～24%）实验渣的 CCT 曲线

（a）实验渣 a1 号（石英＝16%）；（b）实验渣 a2 号（石英＝18%）；（c）实验渣 a3 号（石英＝20%）；
（d）实验渣 a4 号（石英＝22%）；（e）实验渣 a5 号（石英＝24%）

图 4-30 所示为保护渣中石英含量（质量分数）变化对临界冷却速度的影

响。在石英系列保护渣（为 a1 号渣 ~ a5 号渣）中，石英含量（质量分数）变化对临界冷却速度的影响呈线性降低的趋势，即石英含量（质量分数）每增加2%，保护渣的临界冷却速度平均下降3℃/s。这说明石英系列保护渣随石英含量（质量分数）的增加，黏度升高对熔渣离子迁移速度阻碍程度要大于熔点升高引起驱动力增加的程度，熔渣离子迁移速度总体上降低了。

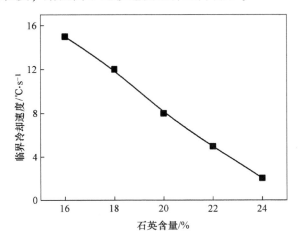

图4-30　石英含量（质量分数）与临界冷却速度的关系

图4-31 所示为石英系列保护渣的等温实验的结晶特征。实验结果表明，随渣中石英含量（质量分数）的增加，TTT 曲线向结晶温度下降、结晶孕育时间延长的方向移动，这与 CCT 曲线分析结果一致。随石英含量（质量分数）增加，结晶温度降低，晶体析出速率减慢，说明保护渣结晶能力在减弱，传热能力在增强。

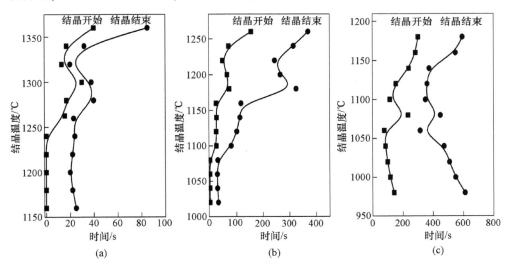

(a) (b) (c)

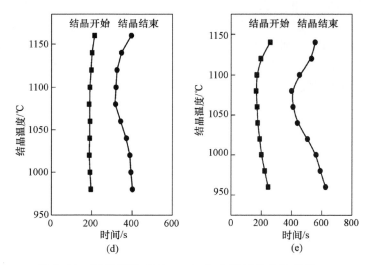

图 4-31 石英系列 (16%~24%) 实验渣的 TTT 曲线

(a) 实验渣 a1 号 (石英=16%)；(b) 实验渣 a2 号 (石英=18%)；(c) 实验渣 a3 号 (石英=20%)；
(d) 实验渣 a4 号 (石英=22%)；(e) 实验渣 a5 号 (石英=24%)

图 4-31 (a) 和 (b) 的 TTT 曲线表明石英含量 (质量分数) 由 16% 增加到 18%，保护渣的黏度增加 0.031 Pa·s，晶体孕育时间延长 60s 左右，而结晶孕育时间为零的开始温度由 1240℃ 下降到 1080℃。此外由图 4-31 还可看出，在石英含量 (质量分数) 增加到 20% 之前，实验渣的 TTT 曲线都有两个 "C" 温度区间，而石英含量 (质量分数) 超过 20% 之后，TTT 曲线呈现一个 "C"。这说明渣 a1 号~渣 a3 号的结晶过程都有两种晶体析出，渣 a4 号、渣 a5 号只有一种晶体析出。

图 4-32 所示为石英系列保护渣中实验渣 a2 号在 1180℃ 的等温结晶过程。实验结果表明，该实验渣首先在热电偶头部的高温区析出晶体，由此说明结晶的限

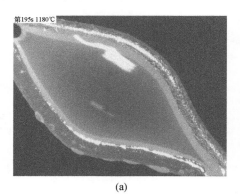

(a)

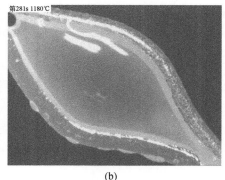

(b)

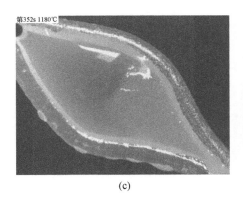
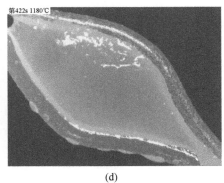

(c)   (d)

图 4-32 实验渣 a2 号（石英＝18%）在 1180℃的等温结晶过程
（a）熔清状态；（b）结晶开始；（c）晶体生长；（d）结晶结束

扫一扫
查看彩图

制性因素是离子的迁移。随着保护渣石英含量（质量分数）的增加，熔渣中的硅氧四面体网络结构促使熔体黏度增大，离子的扩散迁移受阻，从而抑制了晶体的形核、长大。故表现为石英含量（质量分数）增加，保护渣的结晶孕育时间延长，结晶能力减弱。

以上石英系列（16%~24%）保护渣的结晶行为实验研究表明，在同一冷却速度下随石英含量（质量分数）增加，结晶温度降低，说明保护渣结晶能力减弱。石英含量（质量分数）变化对临界冷却速度的影响呈线性降低的趋势，即石英含量（质量分数）每增加 2%，保护渣的临界冷却速度平均下降 3℃/s。随保护渣中石英含量（质量分数）的增加，TTT 曲线向结晶温度下降、结晶孕育时间延长的方向移动，结晶孕育时间为零的开始温度下降。石英含量（质量分数）小于等于 20% 时，TTT 曲线有两个"C"温度区间，熔渣有两种晶体析出；石英含量（质量分数）大于 20% 时，TTT 曲线只有一个"C"，熔渣只析出一种晶体。

4.3.2 硅灰石的影响

硅灰石系列（为 11%~19%）实验保护渣的 CCT 曲线如图 4-33 所示。由图可见在同一冷却速度下保护渣中硅灰石含量（质量分数）增加，结晶温度降低，对结晶能力的影响程度略小于石英系列保护渣的影响。图 4-34 所示为保护渣中硅灰石含量（质量分数）变化对临界冷却速度的影响。同石英系列的影响一样，保护渣中硅灰石含量（质量分数）变化对临界冷却速度的影响也呈线性降低的趋势，但图中显示影响程度的斜率略小于石英系列的影响，即硅灰石含量（质量分数）每增加 2%，保护渣的临界冷却速度平均下降 2℃/s。

图 4-35 所示为硅灰石系列（为 11%~19%）保护渣的 TTT 曲线特征。实验结果表明，随保护渣中硅灰石配加量的增加，TTT 曲线向结晶孕育时间延长的方

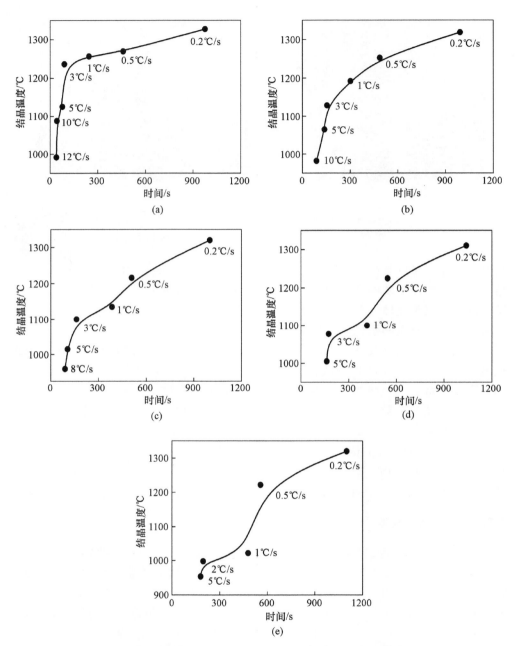

图 4-33 硅灰石系列 (11%~19%) 实验渣的 CCT 曲线

(a) 实验渣 a6 号 (硅灰石 = 11%); (b) 实验渣 a7 号 (硅灰石 = 13%); (c) 实验渣 a8 号
(硅灰石 = 15%); (d) 实验渣 a9 号 (硅灰石 = 17%); (e) 实验渣 a10 号 (硅灰石 = 19%)

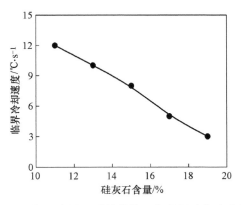

图 4-34 硅灰石含量（质量分数）与临界冷却速度的关系

向移动，结晶开始的温度下降。硅灰石含量（质量分数）达到 15% 时，保护渣的结晶开始温度为 1180℃，结晶孕育时间为 200s 左右，TTT 曲线呈现两个"C"，熔渣有两种晶体析出；继续增加保护渣中硅灰石含量（质量分数）对结晶的影响减弱，结晶开始温度、结晶孕育时间变化不大，TTT 曲线只有一个"C"，熔渣只析出一种晶体。

图 4-36 所示为硅灰石系列保护渣中实验渣 a7 号在 1100℃ 的等温结晶过程。实验结果表明，该渣系开始结晶点偏于热电偶头部的高温区，同石英系列保护渣一样，结晶的限制性因素是离子的迁移。随着保护渣硅灰石含量（质量分数）的增加，熔渣中的硅氧四面体网络结构促使熔体黏度增大，离子的扩散迁移受阻，从而抑制了晶体的形核、长大；但 CaO 提供的 O^{2-} 可促使一部分硅氧四面体网络结构解体，故表现为硅灰石含量（质量分数）增加，对结晶能力的减弱程度略小于石英系列保护渣的影响。

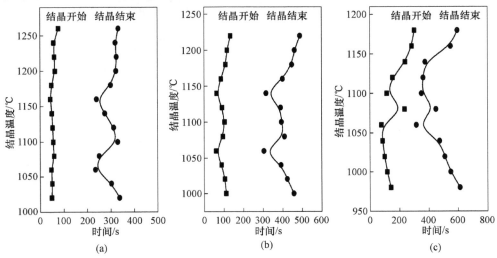

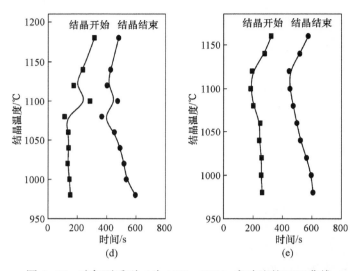

图 4-35 硅灰石系列（为 11%~19%）实验渣的 TTT 曲线

（a）实验渣 a6 号（硅灰石=11%）；（b）实验渣 a7 号（硅灰石=13%）；（c）实验渣 a8 号
（硅灰石=15%）；（d）实验渣 a9 号（硅灰石=17%）；（e）实验渣 a10 号（硅灰石=19%）

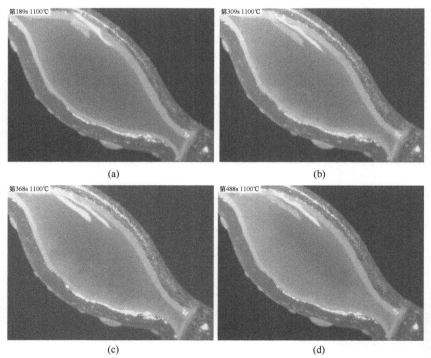

图 4-36 实验渣 a7 号（硅灰石=13%）在 1100℃ 的等温结晶过程

（a）熔清状态；（b）结晶开始；（c）晶体生长；（d）结晶结束

扫一扫
查看彩图

以上硅灰石（为11%~19%）系列保护渣的结晶行为实验研究表明，在同一冷却速度下硅灰石含量（质量分数）增加，结晶温度降低，对结晶能力的影响程度略小于石英系列保护渣的影响。硅灰石含量（质量分数）变化对临界冷却速度的影响也呈线性降低的趋势，但硅灰石含量（质量分数）每增加2%，保护渣的临界冷却速度平均下降2℃/s。保护渣中硅灰石配加量达到15%以后，TTT曲线向结晶温度下降、结晶孕育时间延长的方向移动的趋势减弱。硅灰石含量（质量分数）小于等于15%时，TTT曲线呈现两个"C"，熔渣有两种晶体析出；硅灰石含量（质量分数）大于15%时，TTT曲线只有一个"C"，熔渣只析出一种晶体。

4.3.3 萤石的影响

图4-37所示为萤石系列（为8%~16%）实验保护渣的CCT曲线。实验结果表明，在同一冷却速度下保护渣中萤石含量（质量分数）增加，结晶温度增加；如图可见，在1℃/s的冷却条件下，保护渣中萤石含量（质量分数）每增加2%，结晶温度平均增加50℃。

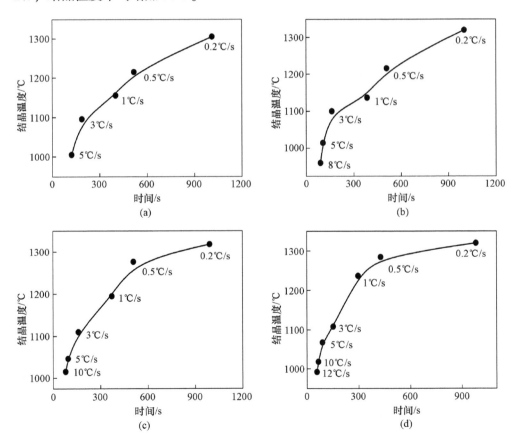

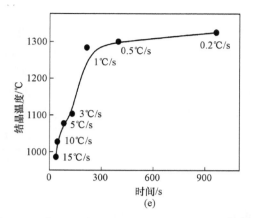

图 4-37　萤石系列（8%~16%）实验渣的 CCT 曲线

（a）实验渣 a11 号（萤石 = 8%）；（b）实验渣 a12 号（萤石 = 10%）；（c）实验渣 a13 号（萤石 = 12%）；
（d）实验渣 a14 号（萤石 = 14%）；（e）实验渣 a15 号（萤石 = 16%）

　　图 4-38 所示为保护渣中萤石含量（质量分数）变化对临界冷却速度的影响。与石英系列、硅灰石系列的影响相反，保护渣中萤石含量（质量分数）变化对临界冷却速度的影响呈直线增加，萤石含量（质量分数）每增加 2%，保护渣的临界冷却速度平均增加 2.5℃/s。

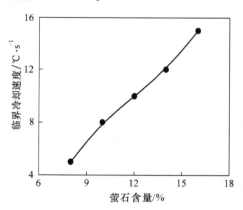

图 4-38　萤石含量（质量分数）与临界冷却速度的关系

　　图 4-39 所示为萤石系列（为 8%~16%）保护渣的 TTT 曲线特征。可以看出，随保护渣中萤石含量（质量分数）的增加，结晶孕育时间缩短，结晶开始的温度增大，说明保护渣的结晶能力在增强，即渣膜控制传热的能力增强。当萤石含量（质量分数）达到 14% 以后，由于熔渣中 F^- 含量（质量分数）的大量增加促进了枪晶石析出，抑制了其他晶体的析出，因此，TTT 曲线只呈现一个"C"，熔渣只析出一种晶体。

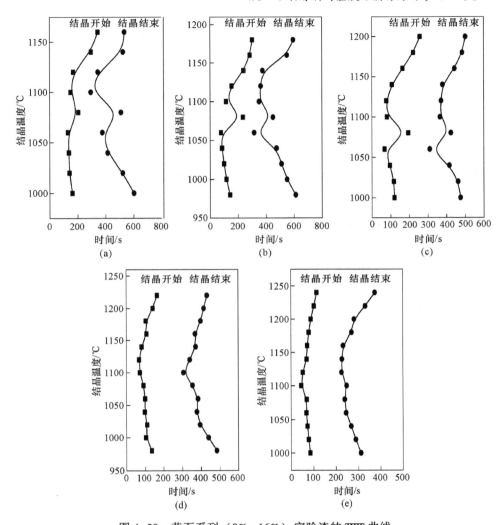

图 4-39 萤石系列（8%～16%）实验渣的 TTT 曲线

（a）实验渣 a11 号（萤石＝8%）；（b）实验渣 a12 号（萤石＝10%）；（c）实验渣 a13 号（萤石＝12%）；
（d）实验渣 a14 号（萤石＝14%）；（e）实验渣 a15 号（萤石＝16%）

　　图 4-40 所示为萤石系列保护渣中实验渣 a14 号在 1060℃的等温结晶过程。实验结果表明，该渣系开始结晶点偏于热电偶头部的高温区，同石英系列、硅灰石系列的保护渣一致，限制其熔渣结晶的根本因素仍然是离子的迁移。由于 F^- 的半径与 O^{2-} 半径接近，F^- 与 O^{2-} 一样，含量（质量分数）的增加都将加快硅氧四面体网络结构解体，使得离子的扩散迁移阻力减小，从而促进晶体的形核、长大。因此，整体规律表现为，随保护渣中萤石含量（质量分数）的增加，熔渣的黏度降低，结晶孕育时间缩短，结晶能力增强。

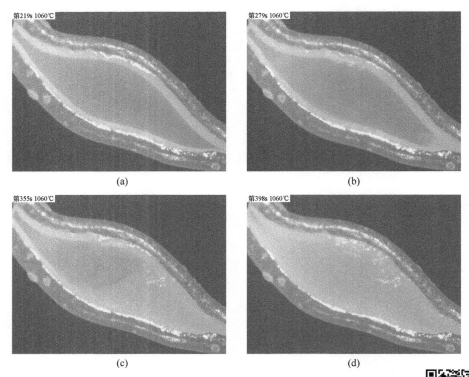

图 4-40 实验渣 a14 号（萤石＝14%）在 1060℃的等温结晶过程
（a）熔清状态；（b）结晶开始；（c）晶体生长；（d）结晶结束

以上萤石系列（为 8%～16%）保护渣的结晶行为实验研究表明，在同一冷却速度下，保护渣中萤石配加量增加，结晶温度增大，说明萤石具有促进保护渣结晶能力增强的作用。保护渣中萤石含量（质量分数）变化，对临界冷却速度的影响呈直线增加，萤石含量（质量分数）每增加 2%，保护渣的临界冷却速度平均增加 2.5℃/s。随保护渣中萤石配加量的增加，结晶孕育时间缩短，结晶开始的温度增大。当萤石含量（质量分数）达到 14%以后，TTT 曲线开始只呈现出一个"C"，熔渣中只有一种晶体析出。

扫一扫
查看彩图

4.3.4 纯碱的影响

纯碱系列（为 10%～18%）实验保护渣的 CCT 曲线如图 4-41 所示。由图可见，在同一冷却速度下保护渣中纯碱配加量增加，结晶温度降低，说明纯碱具有抑制保护渣结晶能力的作用；当保护渣中纯碱含量（质量分数）达到 14%以后，结晶温度降低的幅度开始变小。图 4-42 所示为保护渣中纯碱配加量变化对临界冷却速度的影响。随纯碱含量（质量分数）的增加，保护渣的临界冷却速度的减小；当纯碱含量（质量分数）达到 14% 以后，对临界冷却速度影响程度的斜率开始趋于平缓。

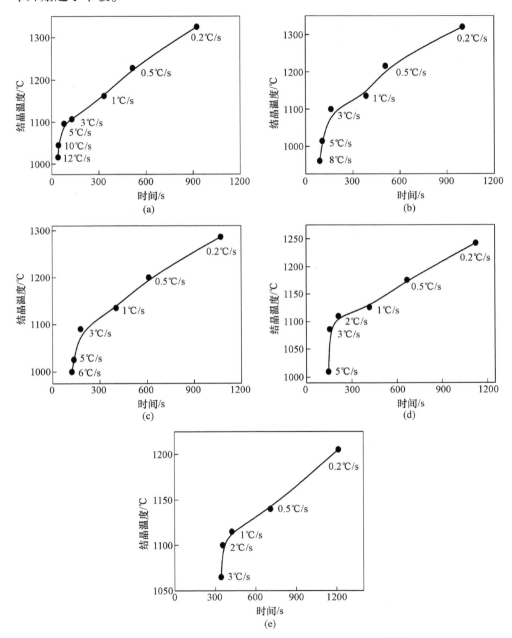

图 4-41 纯碱系列（为 10%~18%）实验渣的 CCT 曲线

（a）实验渣 a16 号（纯碱=10%）；（b）实验渣 a17 号（纯碱=12%）；（c）实验渣 a18 号（纯碱=14%）；

（d）实验渣 a19 号（纯碱=16%）；（e）实验渣 a16 号（纯碱=18%）

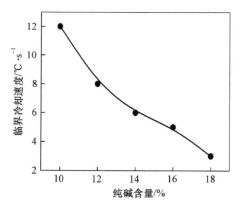

图 4-42   纯碱含量（质量分数）与临界冷却速度的关系

图 4-43 所示为纯碱系列（为 10%~18%）保护渣的 TTT 曲线特征。随保护渣中纯碱含量（质量分数）的增加，TTT 曲线向结晶孕育时间缩短、结晶开始温度增大的方向略有移动。当纯碱含量（质量分数）达到 16% 以后，继续增加纯碱含量（质量分数）对熔渣的结晶孕育时间影响不大。这是因为熔渣中 Na^+ 和 O^{2-} 可以破坏硅酸盐网链结构，促进离子的扩散迁移，以及晶体的形核、长大；但当纯碱含量（质量分数）达到 16% 以后，这种促进作用再无明显体现，因此，TTT 曲线开始呈现一个 "C"，熔渣只析出一种晶体。

图 4-44 所示为纯碱系列实验保护渣的渣 a18 号在 1100℃ 的等温结晶过程。由图可见，由于 1100℃ 位于双 "C" 温度区间的交界处，熔渣有两种晶体同时析出，结晶过程反映为该渣系晶体在热电偶四周均匀生长。每增加 2% 的纯碱含量

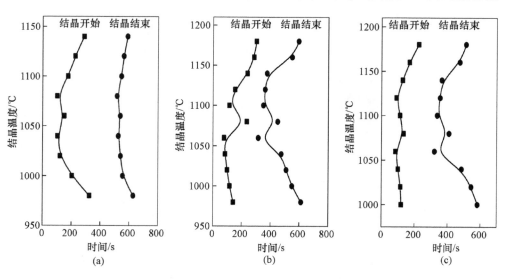

(a)   (b)   (c)

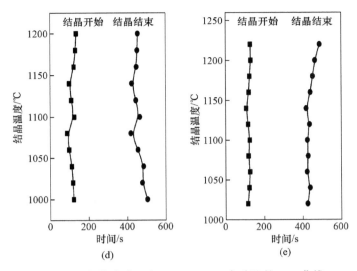

图 4-43　纯碱系列（为 10%~18%）实验渣的 TTT 曲线

（a）渣 16（纯碱=10%）；（b）渣 17（纯碱=12%）；（c）渣 18（纯碱=14%）；

（d）渣 19（纯碱=16%）；（e）渣 20（纯碱=18%）

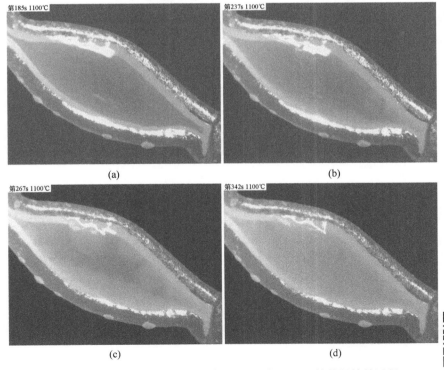

图 4-44　实验渣 a18 号（纯碱=14%）在 1100℃ 的等温结晶过程

（a）熔清状态；（b）结晶开始；（c）晶体生长；（d）结晶结束

扫一扫
查看彩图

（质量分数），保护渣的熔点平均降低 17℃，黏度变化不大，平均降低 0.009Pa·s。这些都充分说明了纯碱系列保护渣随纯碱含量（质量分数）的增加，熔点降低引起结晶驱动力减小的程度，要大于黏度降低对熔渣离子迁移促进的程度，结晶限制性因素是熔体过冷度变化及结晶驱动力的大小。因此其析晶行为表现出随纯碱含量（质量分数）的增加熔体的过冷度降低，引起结晶驱动力明显减小，导致保护渣结晶能力减弱，缩短了结晶的孕育时间。

4.4 矿物原料对保护渣物化性能的影响

分别采用 RDS-04 全自动炉渣物性综合测定仪、HF-201 型结晶器渣膜热流模拟和黏度测试仪、SHTT-Ⅱ熔化结晶性能测定仪，测试了实验渣 a1 号~a20 号的熔点、黏度（1300℃），以及结晶温度等性能，测试结果见表 4-8。

表 4-8 单因素多水平实验渣系的物化性能

渣号	原料变量	熔点/℃	黏度/Pa·s	结晶温度/℃
a1 号	石英 16%	1052	0.183	1360
a2 号	石英 18%	1065	0.214	1260
a3 号	石英 20%	1077	0.243	1180
a4 号	石英 22%	1094	0.262	1160
a5 号	石英 24%	1110	0.286	1140
a6 号	硅灰石 11%	1054	0.236	1260
a7 号	硅灰石 13%	1068	0.241	1220
a8 号	硅灰石 15%	1077	0.243	1180
a9 号	硅灰石 17%	1072	0.250	1180
a10 号	硅灰石 19%	1064	0.261	1160
a11 号	萤石 8%	1086	0.260	1160
a12 号	萤石 10%	1077	0.243	1160
a13 号	萤石 12%	1069	0.225	1200
a14 号	萤石 14%	1062	0.182	1220
a15 号	萤石 16%	1055	0.159	1240
a16 号	纯碱 10%	1092	0.252	1140
a17 号	纯碱 12%	1077	0.243	1140
a18 号	纯碱 14%	1061	0.237	1160
a19 号	纯碱 16%	1042	0.226	1160
a20 号	纯碱 18%	1024	0.217	1160

4.4.1　石英的影响

对于连铸现场保护渣来说，选择合适的熔点是非常重要的，对铸坯表面质量和连铸工艺都有很大的影响；保护渣熔点偏大时，可能会导致液渣层过薄，严重时引发黏结漏钢事故。调整保护渣矿物原料的种类和含量（质量分数）可以改变保护渣的熔点大小，根据表4-8测试数据得到石英含量（质量分数）与保护渣熔点的关系，如图4-45所示。结果表明，随着石英含量（质量分数）的增加，保护渣的熔点是逐渐上升，二者成正比关系；每增加1%的石英，保护渣熔点上升约7℃。

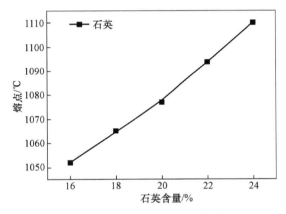

图4-45　石英与保护渣熔点的关系

黏度是决定保护渣消耗量和流动性的重要指标之一，它直接关系到液渣在弯月面区域的行为以及对铸坯的润滑效果。保护渣黏度过大时，可能会导致弯月面处液渣无法均匀流入结晶器与铸坯之间，保护渣润滑能力恶化。图4-46所示为

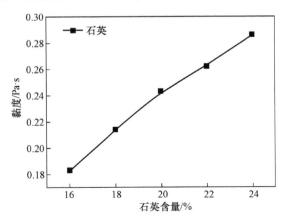

图4-46　石英与保护渣黏度的关系

石英含量（质量分数）变化对保护渣黏度的影响，结果表明，石英对增大保护渣黏度的作用效果尤为明显。

保护渣结晶温度可定义为熔融保护渣在一定降温条件下开始析出晶体的温度，用于表征保护渣结晶能力的大小。图 4-47 所示为石英含量（质量分数）变化与保护渣结晶温度的关系，在一定的冷却速度下，随着石英含量（质量分数）的增加，保护渣的结晶温度表现出明显下降的趋势，说明石英具有明显抑制保护渣结晶的作用。

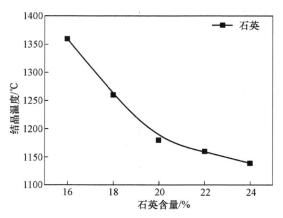

图 4-47 石英与保护渣结晶温度的关系

4.4.2 硅灰石的影响

硅灰石的理论熔点为 1540℃，能在 1050~1150℃ 的温度下与其他硅铝酸盐相熔融，具有一定的助熔效果，是一种天然的低温助熔剂。由图 4-48 可以看出，

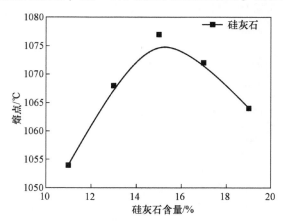

图 4-48 硅灰石与保护渣熔点的关系

随硅灰石含量（质量分数）的增加，熔点先升高后降低，在硅灰石含量（质量分数）达 15%时，熔点达到最高为 1077℃，且当硅灰石含量（质量分数）继续增加，保护渣熔点开始呈现明显下降趋势。

图 4-49 所示为硅灰石含量（质量分数）变化与保护渣黏度的关系，硅灰石含量（质量分数）的增加能促使保护渣黏度升高；在含量（质量分数）小于 15%时，硅灰石对保护渣黏度的增大作用较小；但硅灰石含量（质量分数）超过 15%以后，保护渣黏度上升的速率急剧增大并趋向均匀。

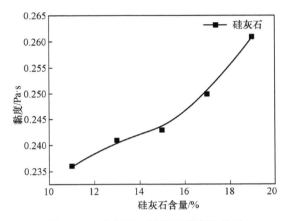

图 4-49　硅灰石与保护渣黏度的关系

由图 4-50 可以看出，随着硅灰石含量（质量分数）的增加，保护渣的结晶温度表现出明显下降的趋势，说明硅灰石也具有抑制保护渣结晶的作用；每增加 1%的硅灰石，对应的保护渣结晶温度降低 12℃左右，但硅灰石对抑制保护渣结晶的作用效果略弱于石英。

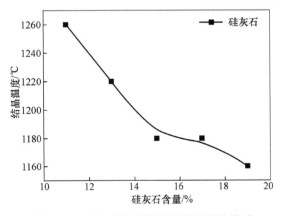

图 4-50　硅灰石与保护渣结晶温度的关系

4.4.3　萤石的影响

　　随熔剂矿物萤石含量（质量分数）的增加，保护渣熔点表现出均匀下降的趋势；每增加 1% 的萤石，对应的保护渣熔点降低 4℃ 左右，如图 4-51 所示。一方面保护渣的熔化温度由熔渣中质点间的键能决定，由于 F^- 静电势小于 O^{2-}，随熔剂矿物萤石含量（质量分数）的增加，保护渣的整体静电势降低，离子间相互作用能力下降，离子键的极化作用增强，大量离子键向共价键转移，这是萤石降低保护渣熔点的主要原因；另一方面，萤石（CaF_2）能与高熔点氧化物 MgO、Al_2O_3 形成低熔点共晶体，在一定程度上也起到了降低保护渣熔点的作用。

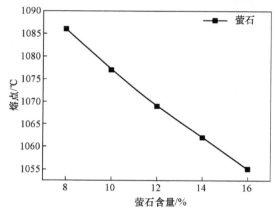

图 4-51　萤石与保护渣熔点的关系

　　图 4-52 所示为萤石含量（质量分数）变化与保护渣黏度的关系，萤石含量（质量分数）的增加能显著降低保护渣黏度。在含量（质量分数）小于 12% 时，萤石对降低保护渣黏度的作用较平稳；但萤石含量（质量分数）超过 12% 以后，

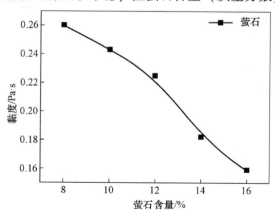

图 4-52　萤石与保护渣黏度的关系

保护渣黏度下降的速率急剧增大。由硅酸盐结构理论可知，保护渣的黏性特征主要由 Si-O 四面体网络结构的连接程度决定。熔剂矿物萤石（CaF_2）能够更多的提供破坏 Si-O 四面体网络结构的离子键，即 F^- 可以和 Si-O 四面体的一角成键，一定程度上抑制 Si-O 四面体网络结构链的形成。因此，通过调整保护渣原料中熔剂矿物萤石的含量（质量分数），能够明显改变保护渣的黏度。

由图 4-53 可以看出，与基料矿物石英和硅灰石表现出来的作用效果相反，随着熔剂矿物萤石含量（质量分数）的增加，保护渣的结晶温度表现出持续升高的趋势，保护渣结晶能力在大幅度增强，说明萤石具有促进保护渣结晶的作用。

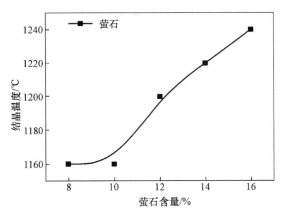

图 4-53 萤石与保护渣结晶温度的关系

4.4.4 纯碱的影响

随熔剂矿物纯碱含量（质量分数）的增加，保护渣熔点表现出稳定下降的趋势，每增加 1% 的纯碱，对应保护渣的熔点约降低 8.5℃，如图 4-54 所示。而纯碱对保护渣熔点的降低作用又明显大于萤石的影响，因此，在保护渣实际生产配方设计中，纯碱常作为降低熔点的主要熔剂矿物原料配入。

图 4-55 所示为纯碱含量（质量分数）变化与保护渣黏度的关系，结果表明，熔剂矿物纯碱含量（质量分数）的增加，能在一定程度上促使保护渣黏度降低。这是由于 Na^+ 可以和硅氧四面体的一角成键，阻止了保护渣熔渣硅氧四面体形成网络链结构或使网络链断开，但纯碱对黏度的作用能力明显小于萤石的影响。

由图 4-56 可以看出，随着熔剂矿物纯碱含量（质量分数）的增大，保护渣的结晶温度变化趋于平稳，与萤石等其他矿物原料相比对保护渣结晶温度的改变较小，说明纯碱对保护渣结晶能力的影响作用不大。

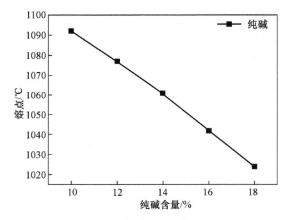

图 4-54 纯碱与保护渣熔点的关系

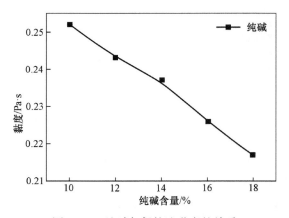

图 4-55 纯碱与保护渣黏度的关系

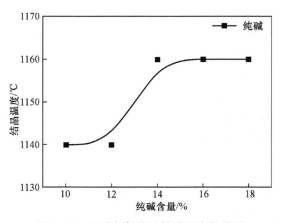

图 4-56 纯碱与保护渣结晶温度的关系

综上分析可得单一矿物原料对保护渣物化性能的影响规律。

（1）随石英含量（质量分数）的增加，保护渣熔点具有持续上升的趋势；随硅灰石含量（质量分数）的增加，熔点先升高后降低；随熔剂矿物萤石、纯碱含量（质量分数）的增加，保护渣熔点均表现出下降的趋势，而纯碱对熔点的影响明显大于萤石。

（2）基料矿物石英、硅灰石含量（质量分数）增加，均能促使保护渣黏度升高；石英对增大保护渣黏度的作用效果尤为明显；熔剂矿物萤石、纯碱含量（质量分数）增加，均促使保护渣黏度降低；而萤石对黏度的影响明显大于纯碱。

（3）基料矿物石英、硅灰石含量（质量分数）增加，能够同时降低保护渣的结晶温度，弱化保护渣的结晶能力；熔剂矿物萤石含量（质量分数）增加，促使结晶温度持续增大，说明萤石具有显著促进保护渣结晶的作用；而纯碱对保护渣结晶温度的总体影响不大。

4.5 基于矿物原料正交实验的渣膜矿相结构研究

结晶器与铸坯间渣膜的形成、结构及其性状，直接影响着润滑与传热，对防止铸坯表面缺陷和漏钢，保证高速连铸的顺利运行起着决定性的作用。由于不同类型保护渣的原料选择不同，各种保护渣形成的渣膜矿相结构以及控制传热的能力也会呈现差异，给铸坯质量带来不同程度的影响。因此，保护渣矿物原料与其渣膜厚度、结晶率、结晶矿相以及影响传热能力的综合分析至关重要。采用结晶器模拟装置，获取正交实验渣系的固态渣膜及其对应的热流密度值，并选出代表性固态渣膜试样，沿厚度方向磨制成光薄片；再利用偏光显微镜观察并辅以XRD分析等手段，对渣膜的厚度、矿物组成及含量（体积分数）、结晶率、显微结构特征和热流密度分别进行测试统计，结果见表4-9和表4-10及图4-57~图4-59。

表4-9　渣膜的矿物组成、含量（体积分数）、结晶率及热流密度

渣号	矿物组成/%		结晶率/%	渣膜厚度/mm	热流密度/MW·m^{-2}
	枪晶石	硅灰石			
b1 号	75~80	15~20	90~95	1.87	0.788
b2 号	30~35	50~55	80~85	1.83	0.808
b3 号	40~45	30~35	75~80	1.87	0.805
b4 号	45~50	30~35	75~80	1.82	0.801
b5 号	25~30	55~60	80~85	1.95	0.897
b6 号	25~30	60~65	85~90	1.99	0.878
b7 号	15~20	70~75	80~85	1.98	0.851

渣号	矿物组成/%		结晶率/%	渣膜厚度/mm	热流密度/MW·m⁻²
	枪晶石	硅灰石			
b8 号	40~45	40~45	80~85	2.02	0.822
b9 号	55~60	35~40	90~95	2.03	0.88
b10 号	35~40	45~50	80~85	2.05	0.892
b11 号	40~45	45~50	85~90	1.95	0.825
b12 号	45~50	35~40	80~85	1.98	0.83
b13 号	60~65	15~20	75~80	1.82	0.836
b14 号	25~30	40~45	65~70	1.85	0.864
b15 号	40~45	30~35	70~75	1.82	0.856
b16 号	50~55	30~35	85~90	2.04	0.888
b17 号	60~65	25~30	85~90	1.91	0.79
b18 号	40~45	40~45	80~85	1.76	0.87
b19 号	50~55	35~40	85~90	1.99	0.862
b20 号	55~60	40~45	90~95	1.93	0.831
b21 号	50~55	40~45	90~95	2.07	0.712
b22 号	35~40	55~60	90~95	2.01	0.801
b23 号	45~50	40~45	85~90	2.03	0.767
b24 号	30~35	55~60	85~90	1.93	0.872
b25 号	25~30	55~60	80~85	1.85	0.831

表 4-10　渣膜的矿相结构

渣号	矿物组成	显微结构特征
b1 号	枪晶石、硅灰石	枪晶石：粒度比较均匀，为细小雏晶状，含量（体积分数）达 75% 以上。硅灰石：细小针状，0.01mm 左右，含量（体积分数）较少
b3 号	枪晶石、硅灰石	枪晶石：呈矛头状、板状，粒径为 0.02~0.05mm，与硅灰石交叉分布且均匀。硅灰石：呈针状、柱状，少量放射状，一般粒径为 0.05~0.1mm
b5 号	硅灰石、枪晶石	硅灰石：含量（体积分数）较多，呈针状、柱状，分布不均，多分布于熔渣一侧。枪晶石：主要呈雏晶状，分布范围较广，少量呈矛头状，粒径为 0.01~0.03mm
b7 号	硅灰石、枪晶石	硅灰石：呈针状、板状、放射状，粒径为 0.02~0.06mm，分布较均匀，在气孔处呈放射状。枪晶石：呈细小粒状分布于硅灰石中间，粒径为 0.01~0.03mm
b9 号	枪晶石、硅灰石	晶粒均细小，呈雏晶状，分布较均匀

渣号	矿物组成	显微结构特征
b12 号	枪晶石、硅灰石	枪晶石：呈骨架状或矛头状，粒径为 0.02~0.04mm，含量（体积分数）较少 硅灰石：略具异常干涉色，呈长条状，粒径较大，为 0.1~0.3mm
b14 号	硅灰石、枪晶石	硅灰石：呈针状，为 0.02~0.05mm。枪晶石：呈矛头状、粒状，粒径为 0.01~0.03mm，分布均匀
b18 号	硅灰石、枪晶石	硅灰石：分布较为集中，呈针状、柱状，为 0.02~0.05mm，其里间含有细小枪晶石晶体。枪晶石：呈细小雏晶，含量（体积分数）较多
b19 号	枪晶石、硅灰石	枪晶石呈细小雏晶状，分布均匀。硅灰石呈细小柱状

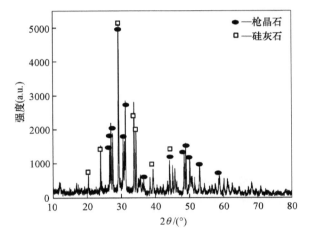

图 4-57 实验渣 b3 号对应渣膜的 XRD 图谱

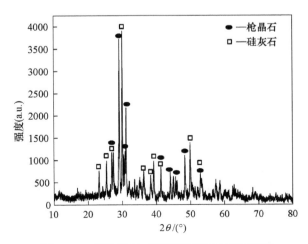

图 4-58 实验渣 b7 号对应渣膜的 XRD 图谱

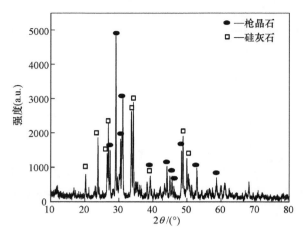

图 4-59 实验渣 b19 号对应渣膜的 XRD 图谱

通过利用偏光显微镜观察并辅以 XRD 图谱对渣膜矿相结构系统鉴定分析，得出实验渣 b1 号~b25 号对应渣膜的矿物组成基本为枪晶石和硅灰石；其中，枪晶石多呈矛头状、粒状，部分呈细小雏晶，晶体粒径有所差异；硅灰石晶体多呈针状、板状、放射状，部分呈柱状，粒径大小不一，如图 4-60 所示。但渣膜的结晶率均较高，达到 70% 以上，而且不同矿物配比的实验渣膜中，枪晶石和硅灰石的含量（体积分数）差别也较大。因此，随着各种矿物原料配加量的不同，实验渣膜矿相结构中结晶体的形态、大小以及晶体的发育程度都具有较明显的差别，进而对渣膜的传热性能造成不同程度的影响。

4.5.1 渣膜的厚度

根据表 4-3 可知，影响渣膜厚度的原料因素主要是纯碱、萤石、硼砂、硅灰石和碱度（石英为变量），故每个因素选取了 5 个水平进行试验，并对正交实验配渣方案中对应渣膜厚度做极差分析，结果见表 4-11。

表 4-11 保护渣渣膜厚度极差分析

水平	因素				
	纯碱	萤石	硼砂	硅灰石	碱度
水平 1	1.984	1.908	1.968	1.91	2.014
水平 2	1.942	1.932	1.934	1.884	1.868
水平 3	1.9	1.932	1.894	1.992	1.884
水平 4	1.924	1.942	1.89	1.914	1.926
水平 5	1.92	1.956	1.92	1.97	1.978
极差（R）	0.084	0.048	0.078	0.108	0.13
主次顺序	碱度>硅灰石>纯碱>硼砂>萤石				

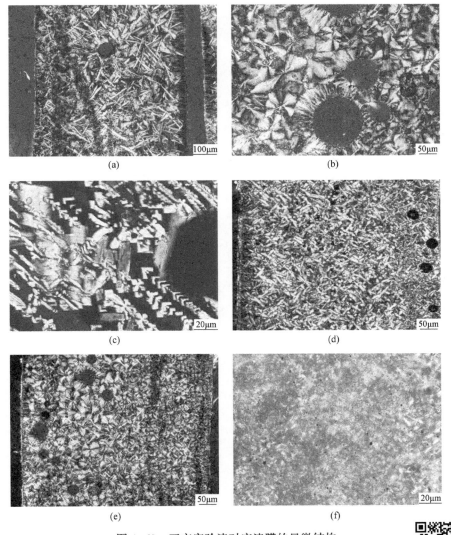

图 4-60　正交实验渣对应渣膜的显微结构

（a）b1 号对应渣膜　透（+）×100；（b）b7 号对应渣膜　透（+）×200；
（c）b12 号对应渣膜　透（+）×500；（d）b14 号对应渣膜　透（+）×200；
（e）b18 号对应渣膜　透（+）×200；（f）b19 号对应渣膜　透（+）×500

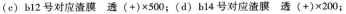
扫一扫
查看彩图

由极差分析结果可见，对渣膜厚度的影响而言，各影响因子从大到小顺序依次为 R（碱度）>R（硅灰石）>R（纯碱）>R（硼砂）>R（萤石）。因此，综合考虑对渣膜厚度的影响，各影响因子的主次顺序依次为碱度、硅灰石、纯碱、硼砂、萤石。再以各因素的百分含量（质量分数）为横坐标，渣膜的厚度值为纵坐标，作图研究各因素各水平与渣膜厚度之间的关系。如图 4-61 所示，在多因素多水

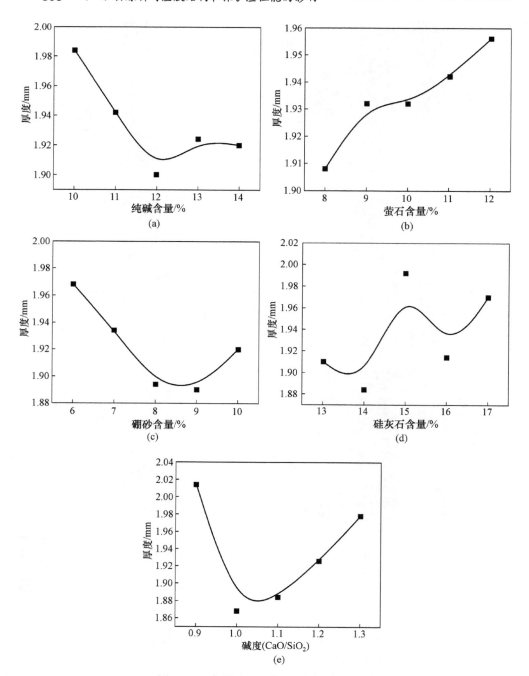

图 4-61   各影响因子与渣膜厚度的关系

（a）纯碱与渣膜厚度的关系；（b）萤石与渣膜厚度的关系；（c）硼砂与渣膜厚度的关系；
（d）硅灰石与渣膜厚度的关系；（e）碱度与渣膜厚度的关系

平变化的配渣体系中，随实验渣碱度（为 0.9~1.3）的增加，对应渣膜的厚度呈现先下降后升高的趋势，当碱度约为 1.1 时，渣膜的厚度达到最小值；矿物原料纯碱、硼砂含量（质量分数）的增加，渣膜厚度整体上均表现出下降的趋势，而纯碱对熔点的影响略大于硼砂；矿物原料萤石含量（质量分数）的增加，促使渣膜厚度随之逐渐增大，但对渣膜厚度影响幅度最小；渣膜厚度随矿物原料硅灰石含量（质量分数）的增加虽有变化波动，但整体也呈上升趋势。

4.5.2 渣膜的结晶率

表 4-12 为正交实验配渣方案对应渣膜结晶率的极差分析结果，各影响因子极差值从大到小顺序依次为 R（碱度）>R（硼砂）>R（纯碱）>R（硅灰石）>R（萤石），即各影响因子的主次顺序依次为碱度、硼砂、纯碱、硅灰石、萤石。由图 4-62 可以看出，在多因素多水平变化的配渣体系中，随实验渣碱度的增加，对应渣膜的结晶率呈现先下降后升高的趋势，当碱度约为 1.1 时，渣膜的结晶率达到最小值；矿物原料纯碱、硼砂含量（质量分数）的增加，渣膜结晶率均表现出明显下降的趋势；而矿物原料硅灰石含量（质量分数）增加到 16% 以上，对渣膜结晶率抑制作用才会显著；矿物原料萤石含量（质量分数）的增加，渣膜结晶率整体上随之逐渐增大。

表 4-12 保护渣渣膜结晶率极差分析

水平	因素				
	纯碱	萤石	硼砂	硅灰石	碱度
水平 1	90.5	83.3	89.9	84.5	82.4
水平 2	85.5	84.7	83.5	85.7	84.8
水平 3	81.7	85.1	81.5	85.3	78.0
水平 4	82.7	83.3	81.9	86.5	87.4
水平 5	82.4	86.4	80.0	80.8	90.2
极差（R）	8.8	3.1	9.9	5.7	12.2
主次顺序	碱度>硼砂>纯碱>硅灰石>萤石				

4.5.3 渣膜的热流密度

由极差分析结果表 4-13 可见，各影响因子极差值从大到小顺序依次为 R（碱度）>R（纯碱）>R（硼砂）>R（硅灰石）>R（萤石）。综合考虑对渣膜热流密度的影响，各影响因子的主次顺序依次为碱度、纯碱、硼砂、硅灰石、萤石。图 4-63 所示为多因素多水平变化的配渣体系中在各影响因子综合作用下渣膜热流密度的变化情况。随保护渣碱度和萤石含量（质量分数）的增加，渣膜热流密度均呈降低趋势，这是因为碱度和萤石可以促进枪晶石晶体大量析晶，致使渣

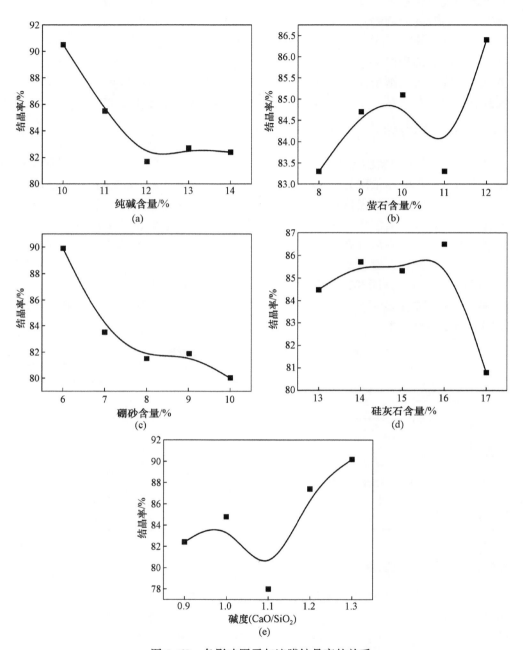

图 4-62　各影响因子与渣膜结晶率的关系

（a）纯碱与渣膜结晶率的关系；（b）萤石与渣膜结晶率的关系；（c）硼砂与渣膜结晶率的关系；

（d）硅灰石与渣膜结晶率的关系；（e）碱度与渣膜结晶率的关系

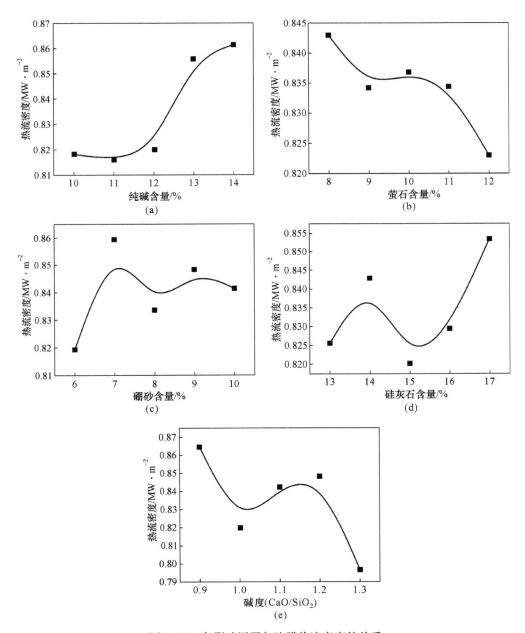

图 4-63 各影响因子与渣膜热流密度的关系

(a) 纯碱与渣膜热流密度的关系；(b) 萤石与渣膜热流密度的关系；(c) 硼砂与渣膜热流密度的关系；
(d) 硅灰石与渣膜热流密度的关系；(e) 碱度与渣膜热流密度的关系

膜结晶率增大，从而抑制了热流传递。随纯碱含量（质量分数）的增加，保护渣渣膜的热流密度整体上呈现增大趋势，在纯碱含量（质量分数）超过12%后渣膜厚度及结晶率降低程度趋于平缓，而此时热流密度增加较快，这在一定程度上也说明了渣膜厚度越薄，结晶率越低，热流密度越大。矿物原料硼砂和硅灰石对渣膜热流密度的影响程度接近，渣膜的热流密度变化均随之增加而有较小的波动。

表 4-13　保护渣渣膜热流密度极差分析

水平	因素				
	纯碱	萤石	硼砂	硅灰石	碱度
水平 1	0.8182	0.843	0.8192	0.8256	0.8646
水平 2	0.816	0.8342	0.8592	0.8428	0.8198
水平 3	0.820	0.8368	0.8336	0.8202	0.8422
水平 4	0.8558	0.8344	0.848	0.8294	0.8482
水平 5	0.8614	0.823	0.8414	0.8534	0.7966
极差（R）	0.0454	0.020	0.040	0.0332	0.066
主次顺序	碱度>纯碱>硼砂>硅灰石>萤石				

4.6　基于矿物原料正交实验的保护渣物化性能研究

4.6.1　保护渣的熔化温度

保护渣的熔化温度对吸收夹杂物的能力及润滑作用有较大影响，作为保护渣物理性能的一个重要指标，还可以间接影响铸坯的表面质量，而熔化温度的好坏主要取决于保护渣的成分，因此，综合分析保护渣矿物原料对熔化温度的影响规律非常必要。

表 4-14 为正交实验配渣方案中保护渣熔化温度的测试结果，可以看出实验渣的熔化温度多为 1000~1100℃，熔化温度的高低影响着液态保护渣流入弯月面的均匀情况，进而影响着铸坯与结晶器之间的润滑程度。为使结晶器壁存在一定厚度的液态渣膜，保护渣的熔化温度应低于或等于结晶器下口处坯壳的表面温度（为 1200℃）。正交实验配渣方案中保护渣熔化温度的极差分析见表 4-15。结果表明，各影响因子极差值从大到小顺序依次为 R(硅灰石)>R(硼砂)>R(纯碱)>R(萤石)>R(碱度)，综合考虑对保护渣熔化温度的影响，各影响因子的主次顺序依次为硅灰石、硼砂、纯碱、萤石、碱度。受各影响因子综合作用下保护渣熔化温度的变化情况如图 4-64 所示。

表 4-14 试验渣的熔化温度

渣号	熔化温度/℃	渣号	熔化温度/℃	渣号	熔化温度/℃
b1 号	1146	b10 号	1045	b19 号	1001
b2 号	1118	b11 号	1008	b20 号	1019
b3 号	1055	b12 号	1067	b21 号	1083
b4 号	1030	b13 号	1025	b22 号	1032
b5 号	1011	b14 号	1073	b23 号	1052
b6 号	1073	b15 号	1104	b24 号	1060
b7 号	1051	b16 号	1087	b25 号	1019
b8 号	1070	b17 号	1030		
b9 号	1054	b18 号	1068		

表 4-15 保护渣熔化温度极差分析

水平	因素				
	纯碱	萤石	硼砂	硅灰石	碱度
水平 1	1078	1082	1071	1087	1072
水平 2	1066	1084	1069	1062	1058
水平 3	1054	1039	1058	1056	1055
水平 4	1054	1054	1066	1037	1041
水平 5	1039	1041	1030	1045	1049
极差（R）	39	35	41	50	31
主次顺序	硅灰石>硼砂>纯碱>萤石>碱度				

在正交实验配渣方案中，纯碱（为 10%~14%）对保护渣熔化温度的影响较为显著，熔化温度随纯碱含量（质量分数）的增加呈现连续降低的趋势，平均每增加 1%的纯碱，熔化温度下降 10℃。分析认为，纯碱的主要化学成分为 Na_2CO_3，其在熔融过程中发生高温分解，形成氧化物 Na_2O。Na_2O 为常用助熔剂，具有较强降低熔点的能力。

萤石含量（质量分数）（为 8%~12%）对保护渣熔化温度的影响规律如图 4-64（b）所示，可以看出随萤石含量（质量分数）的增加熔化温度有明显降低的趋势，在 9%~10%的范围内，降低程度最大。分析原因认为，萤石的主要化学成分为 CaF_2，还含有少量的 SiO_2。CaF_2 属于网络外体氧化物，能够破坏硅酸盐网络结构，从而降低保护渣的熔点。

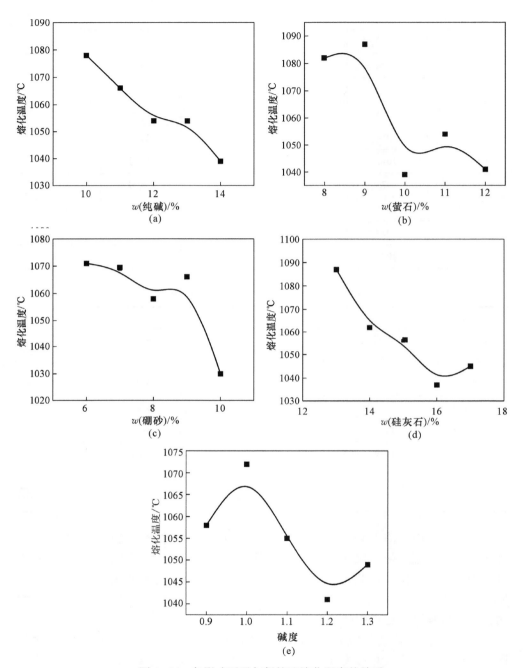

图 4-64 各影响因子与保护渣熔化温度的关系

（a）纯碱与保护渣熔化温度的关系；（b）萤石与保护渣熔化温度的关系；（c）硼砂与保护渣熔化温度的关系；
（d）硅灰石与保护渣熔化温度的关系；（e）碱度与保护渣熔化温度的关系

硼砂含量（质量分数）（为 6%~10%）与正交试验保护渣熔化温度的关系如图 4-64（c）所示，可以看出熔点随硼砂含量（质量分数）的增加呈现降低的趋势。硼砂中主要矿物 B_2O_3 的熔点低，纯的 B_2O_3 的熔点小于 600℃，同时即使 B_2O_3 与熔渣中其他成分形成低熔点共晶体，如 MgB_2O_4 的熔点小于 988℃。但在保护渣中不能添加大量的硼砂，否则将使保护渣的软化温度过低，发生结团现象，影响连铸工艺。

硅灰石作为正交试验保护渣的一种组分，其含量（质量分数）（为 13%~17%）对保护渣熔点的影响关系如图 4-64（d）所示。整体上熔化温度随硅灰石含量（质量分数）的增加而降低，平均每增加 1% 的硅灰石，熔化温度降低 12℃，在含量（质量分数）大于 16% 时熔化温度略有增加。分析原因认为，硅灰石的化学成分主要为 CaO 和 SiO_2，SiO_2 比 CaO 略高。随 CaO 含量（质量分数）的增加，将破坏熔渣中高温氧化物的网络结构，减少保护渣中高温物质的析出，降低保护渣的熔点。而 SiO_2 属于网络形成体，易使熔点升高，但整体降低的趋势说明 CaO 比 SiO_2 对熔化温度影响作用显著。最后的温度上升可能是受其他矿物的影响所致。

碱度（为 0.9~1.3）对保护渣熔化温度的影响虽然上下波动，但整体趋势是递减的。在 0.9~1.2 的范围内，对熔点影响较大，平均每增加 0.1 熔点降低 15℃。分析原因认为，碱度值（CaO/SiO_2）主要由改变石英砂和水泥熟料的含量（质量分数）所得，碱度的增大相当于石英砂含量（质量分数）降低，石英砂的主要成分为 SiO_2，并且纯度较高，另外 SiO_2 无论以鳞石英或方石英形式赋存，其熔点分别为 1670℃ 和 1710℃，均较高，其含量（质量分数）的减少会使试验保护渣的熔化温度整体降低。当碱度超过 1.2 后，熔化温度渐升，主要因为硅灰石对熔化温度影响在 18% 后也呈增大趋势，且其他矿物的熔化温度均比碱度影响的高，故出现上升趋势。

4.6.2　保护渣的黏度

保护渣黏度是指熔渣移动时各渣层分子间的内在摩擦力的大小，保护渣的黏度对渣膜的传热和润滑都有重要作用。保护渣黏度主要取决于保护渣的成分，与渣膜的厚度和均匀性有直接关系。如果黏度过低会使渣膜增厚，且不均匀，铸坯易产生裂纹；黏度过高又会使液渣流入困难，渣耗量减少，使渣膜变薄，渣的流动性变差，润滑不良。

利用 HF-201 型结晶器渣膜热流模拟和黏度测试仪在熔渣 1300℃ 时测定试验保护渣的黏度，测试结果见表 4-16。可以看出正交实验配渣方案中保护渣的黏度值集中在 0.04~0.35Pa·s。保护渣的黏度和熔渣结构密切相关。根据离子结构模型理论，熔渣由带电离子或离子团组成，在硅酸盐熔体内主要存在着金属阳离子、非金属阴离子和复合阴离子团。这些离子在熔渣中按近程有序和远程无序的规则构成网络，碱金属和碱土金属阳离子填充于网络空隙中，形成宏观上连续、均匀、各向同性的液态熔体。

表 4-16　试验渣的黏度　　　（Pa·s）

序号	黏度	序号	黏度	序号	黏度
1	0.292	10	0.251	19	0.295
2	0.107	11	0.232	20	0.197
3	0.138	12	0.233	21	0.091
4	0.165	13	0.217	22	0.046
5	0.095	14	0.194	23	0.202
6	0.213	15	0.198	24	0.154
7	0.343	16	0.269	25	0.164
8	0.209	17	0.219		
9	0.094	18	0.209		

正交实验配渣方案中保护渣黏度的极差分析见表 4-17。结果表明，综合考虑对保护渣黏度的影响，各影响因子的主次顺序依次为碱度、萤石、硅灰石、纯碱、硼砂。受各影响因子综合作用下保护渣黏度变化情况如图 4-65 所示。

表 4-17　保护渣黏度极差分析

水平	因素				
	纯碱	萤石	硼砂	硅灰石	碱度
水平 1	0.219	0.222	0.204	0.141	0.222
水平 2	0.189	0.203	0.199	0.161	0.159
水平 3	0.206	0.213	0.186	0.157	0.215
水平 4	0.180	0.208	0.201	0.168	0.238
水平 5	0.181	0.143	0.175	0.221	0.131
极差（R）	0.039	0.079	0.029	0.053	0.107
主次顺序	碱度>萤石>硅灰石>纯碱>硼砂				

纯碱含量（质量分数）（为 10% ~ 14%）与试验保护渣黏度的关系如图 4-65（a）所示，可以看出纯碱的增加能够使保护渣的黏度降低。由于纯碱熔融后的 Na_2O 属于网络外体氧化物，并且 Na^+ 的电荷少，离子半径比较大，与 O^{2-} 的相互作用力较小，在保护渣中能够提供非桥氧原子，使得 O/Si 增大，能够破坏保护渣的硅酸盐的网络结构，故使得渣的黏度降低。

由图 4-65（b）可以看出，随萤石含量（质量分数）（为 8% ~ 12%）的增加黏度呈现降低的趋势。萤石的主要化学成分为 CaF_2，在熔融过程中会发生化学

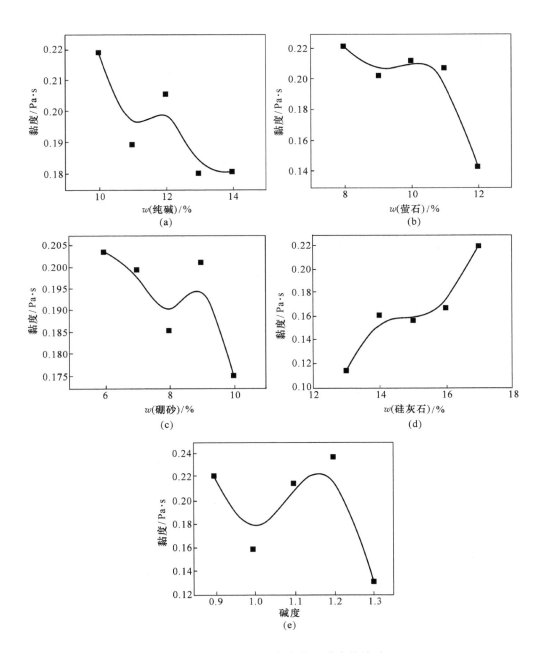

图 4-65 各影响因子与保护渣黏度的关系

（a）纯碱与保护渣黏度的关系；（b）萤石与保护渣黏度的关系；（c）硼砂与保护渣黏度的关系；
（d）硅灰石与保护渣黏度的关系；（e）碱度与保护渣黏度的关系

反应（$2CaF_2+SiO_2 = 2CaO+SiF_4$），产生具有毒性的气体 SiF_4。由于 CaF_2 也属于网络外体氟化物，故熔渣中 CaF_2 分解后的 F^- 离子可以促进硅氧聚合体的解聚，达到降低熔点的目的。在熔融过程中，还由于 F^- 离子会与一些碱性金属阳离子形成氟化物气体逸出，导致保护渣的黏度降低。另外在萤石含量（质量分数）9%~11%时，影响趋势平缓，这与此范围内的其他矿物成分有关。

硼砂含量（质量分数）（为6%~10%）与试验保护渣黏度的关系如图4-65（c）所示，可以看出硼砂能够明显降低保护渣的黏度。主要因为硼砂中主要化学成分 B_2O_3 的熔点较低，为600℃，即使在熔渣中形成晶体，其共晶点也较低。所以在高温（为1300℃）的熔融状态下，增加了熔渣的流动性能，有利于连铸过程对铸坯的润滑。

随硅灰石含量（质量分数）（为13%~17%）的增加，黏度呈现增大的趋势，如图4-65（d）所示。硅灰石的化学成分主要为 CaO 和 SiO_2，但 SiO_2 比 CaO 略高，随硅灰石含量（质量分数）的增加，熔渣结构形成过程中网络外体成分 CaO 相对减小，破网氧化物含量（质量分数）减少，引起黏度增大。

随碱度（为0.9~1.3）值的增大，保护渣黏度值整体呈现降低的趋势，如图4-65（e）所示。碱度值的增大相当于石英砂含量（质量分数）的减少，石英砂主要成分为 SiO_2，其含量（质量分数）的减少也使 CaO 含量（质量分数）相对增加。SiO_2 属于网络形成体成分，其含量（质量分数）减少，可促使黏度降低。另外 CaO 的熔点为2600℃，Ca^{2+} 的离子半径为 $1.06×10^{-8}cm$，属于网络外体氧化物。随着碱度的升高，CaO 含量（质量分数）相对增加，也会使黏度降低。根据硅酸盐熔渣的结构理论，保护渣的黏度主要与硅氧四面体网络的链接程度有关。由于网络形成体 SiO_2 含量（质量分数）的减少，故促进了硅氧阴离子团解体，从而使黏度降低。但在1.0~1.2时，黏度增大，从曲线上看，可能是由于此范围内其他矿物对黏度的影响较为平缓或有上升态势所致。

4.6.3 保护渣的结晶温度

结晶温度对结晶器空隙内部液渣在凝固过程中的结晶行为起着重要作用，从而影响着对铸坯的润滑与传热。试验保护渣的结晶温度由 SHTT-II 型熔化结晶性能测定仪在10℃/min 的降温速率下测定，测试结果见表4-18。可以看出保护渣的结晶温度大小不一，结晶温度多集中在1100~1300℃，析晶温度的高低直接影响着渣膜的形成与性状。对于包晶钢和中碳钢而言，较高的结晶温度可以快速在弯月面处析出晶体，形成固体渣膜，可以有效控制传热，防止铸坯裂纹的发生。但一般情况下，结晶温度过高的保护渣，虽然可以有效控制传热，但同时增大了渣膜与结晶器接触的摩擦力，从而对渣膜的润滑性能有很大的破坏作用。

表 4-18 试验渣的结晶温度

序号	结晶温度/℃	序号	结晶温度/℃	序号	结晶温度/℃
1	1144	10	1061	19	1220
2	1209	11	1248	20	1282
3	1147	12	1297	21	1389
4	1206	13	1272	22	1330
5	1100	14	1253	23	1420
6	1247	15	1223	24	1350
7	1202	16	1379	25	1380
8	1221	17	1305		
9	1230	18	1140		

正交实验配渣方案中保护渣结晶温度的极差分析见表 4-19。结果表明，综合考虑对保护渣结晶温度的影响，各影响因子的主次顺序依次为碱度、萤石、硅灰石、纯碱、硼砂。受各影响因子综合作用下保护渣结晶温度变化情况如图 4-66 所示。

表 4-19 保护渣结晶温度极差分析

水平	因素				
	纯碱	萤石	硼砂	硅灰石	碱度
水平 1	1281	1185	1274	1248	1161
水平 2	1268	1264	1254	1241	1192
水平 3	1256	1255	1266	1223	1258
水平 4	1252	1296	1232	1190	1265
水平 5	1209	1310	1224	1160	1374
极差（R）	72	125	50	88	213
主次因素	碱度>萤石>硅灰石>纯碱>硼砂				

随着纯碱含量（质量分数）（为 10%~14%）的增加，结晶温度整体呈现降低的趋势，如图 4-66（a）所示。试验结果分析认为，纯碱中主要化学成分为 Na_2CO_3，在熔融过程中 Na_2CO_3 发生高温分解，形成碱金属氧化物，对保护渣结晶温度影响显著。由于该渣系采用矿物原料配制而成，仅仅在水泥熟料中含有少量的 Al_2O_3，这就导致纯碱不会促使高熔点的霞石（$Na_2O \cdot Al_2O_3 \cdot 2SiO_2$，1526℃）生成，而是可能大部分进入玻璃相，或与熔渣中的 F^- 反应生成 NaF。另外纯碱含量（质量分数）的增加，使保护渣的熔点降低，也表明在同样条件下，相当于减小了体系的过冷度，结晶所需驱动力减小，导致保护渣的结晶温度降低。

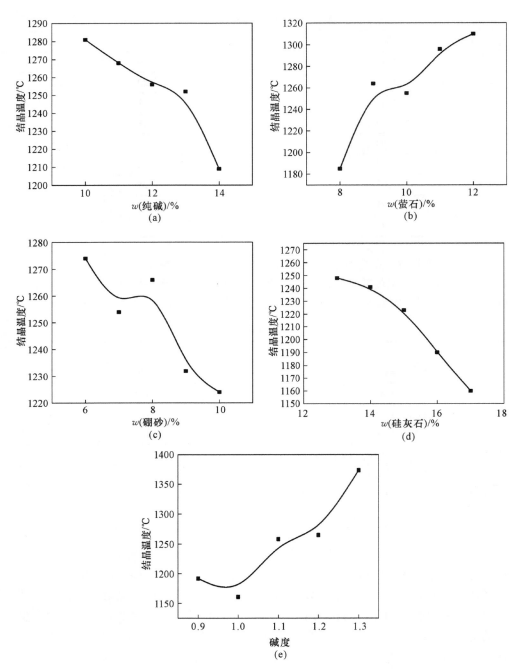

图 4-66　各影响因子与保护渣结晶温度的关系

（a）纯碱与保护渣结晶温度的关系；（b）萤石与保护渣结晶温度的关系；（c）硼砂与保护渣结晶温度的关系；
（d）硅灰石与保护渣结晶温度的关系；（e）碱度与保护渣结晶温度的关系

萤石含量（质量分数）（为 8% ~ 12%）对保护渣结晶温度的影响规律如图 4-66（b）所示。结果表明，随萤石含量（质量分数）的增加，结晶温度具有明显增大的趋势，在含量（质量分数）超过 12% 时，上升的幅度开始变缓。分析认为，萤石主要化学成分为 CaF_2，还含有少量的 SiO_2。一般 CaF_2 进入熔渣后，其一部分会与渣中的 SiO_2 发生反应生成 SiF_4 挥发气体；另一部分与渣中的阳离子结合生成氟化物。由于 F^- 的离子半径（0.133nm）与 O^{2-} 的离子半径（0.132nm）接近，其化学性质较为相似，均可促进硅氧四面体网络结构解体，故多余的 F^- 进入熔渣后可以替代 Si-O 键中的 O^{2-}，以 Si-F 键的形式进入网络结构，由于 Si-O 键的打破，导致晶体容易析出。在萤石含量（质量分数）超过 12% 时，保护渣结晶温度上升趋势变缓是由于随萤石含量（质量分数）的增加，熔渣中含有的 SiO_2 含量（质量分数）也有所增加（即熔渣中 SiO_2 总量增加），从而导致结晶温度增加缓慢。

随硼砂含量（质量分数）（为 6% ~ 10%）的增加，保护渣的结晶温度整体呈降低的趋势，但硼砂含量（质量分数）在 7% ~ 8% 时，结晶温度变化平缓，如图 4-66（c）所示。硼砂中的主要化学成分为 B_2O_3，含有部分 Na_2O。一般研究认为 B_2O_3 属于网络形成体，会对熔渣的结晶起到促进作用，但实际过程中，B_2O_3 对保护渣的熔点具有明显的降低作用，可以同其他组分形成低熔点相，从而使熔体过冷度降低，使得结晶温度降低。此外，硼砂中的 Na_2O 也可以作为一种熔剂起到降低熔点的作用，降低过冷度，都会引起熔渣结晶温度的降低。熔渣结晶温度整体下降平缓可能是由于在正交试验矿物配比中，碱度对促进保护渣结晶温度升高的影响显著，因此推断可能是碱度的增大，使硼砂引起结晶温度降低的程度减小。

硅灰石含量（质量分数）（为 13% ~ 17%）对试验保护渣结晶温度的影响规律如图 4-66（d）所示。结果表明，硅灰石含量（质量分数）增加，使结晶温度呈明显降低的趋势。分析原因认为，硅灰石的化学成分主要有 CaO 和 SiO_2，但 SiO_2 的含量（质量分数）比 CaO 稍高些。随硅灰石含量（质量分数）的增加，相当于降低了保护渣的碱度（CaO/SiO_2）。碱度的降低，即 CaO 作为网络外体氧化物，其含量（质量分数）的相对减少，使保护渣的黏度增加，在 10℃/min 的降温速率下，随温度的降低，形核所需的传质速度减慢，从而导致晶核形成减慢，使得结晶温度降低。

碱度（为 0.9 ~ 1.3）对试验保护渣结晶温度的影响规律如图 4-66（e）所示。根据极差分析结果可知，碱度对试验渣结晶温度的影响程度最大，碱度值的改变主要由于石英砂含量（质量分数）的改变。随碱度值的增加，结晶温度整体呈升高趋势，在 1.1 ~ 1.2 范围内升高程度较为平缓。分析原因认为，该石英砂虽为工业矿物原料，但其纯度较高达到 99%，碱度的增大可视为石英砂含量

（质量分数）的相对减少。一般情况下 SiO_2 作为网络形成体，在其他破网物含量（质量分数）相对较少时，不足以破坏 Si-O 四面体的网络结构，所以其含量（质量分数）越多越难以形成其他的结晶矿物或形成的晶体很细小，使玻璃化倾向加大。其含量（质量分数）的相对减少降低了玻璃化倾向，促进结晶，使结晶温度升高。

5 保护渣成分对渣膜矿相形成的影响机理

5.1 试验方案及检测方法

5.1.1 配渣体系

目前，国内外钢厂常用的连铸结晶器保护渣是以 $CaO-SiO_2-Al_2O_3$ 硅酸盐系矿物原料为基料配制而成的，这是因为保护渣中 CaO、SiO_2、Al_2O_3 的配加量决定了其熔点、熔速以及黏度等主要物化指标。而 CaF_2 作为破坏硅酸盐 $Si-O$ 骨干结构的化合物，对控制保护渣黏度起着重要作用，并且 F^- 是渣膜中枪晶石的主要组成离子，渣膜中枪晶石的析晶量对铸坯传热和润滑的影响显著。因此，本次研究以 $CaO-SiO_2-Al_2O_3-CaF_2$ 四元渣系制定配渣方案（见表 5-1），探究保护渣的成分变化对渣膜矿相形成的影响机理。

表 5-1 模拟配渣方案

渣号	模拟变化量	模拟成分/%			
		CaO	SiO_2	Al_2O_3	CaF_2
1 号	碱度（CaO/SiO_2）	38.00	38.00	11	13
2 号		39.80	36.20	11	13
3 号		41.45	34.55	11	13
4 号		42.96	33.04	11	13
5 号		44.33	31.67	11	13
6 号	Al_2O_3 模拟量	43.64	36.36	7	13
7 号		42.55	35.45	9	13
8 号		41.45	34.55	11	13
9 号		40.37	33.63	13	13
10 号		39.27	32.73	15	13
11 号	CaF_2 模拟量	43.64	36.36	11	9
12 号		42.55	35.45	11	11
13 号		41.45	34.55	11	13
14 号		40.37	33.63	11	15
15 号		39.27	32.73	11	17

保护渣的碱度 $R(CaO/SiO_2)$ 在实际连铸过程中通常介于 $1\sim1.4$ 之间，并且随着碱度的增加，渣膜结晶率呈现明显上升的趋势；Al_2O_3 影响着渣膜结晶矿物黄长石的析出，并且保护渣中加入一定量的 Al_2O_3 对吸收钢水中的非金属夹杂物也十分有利。通常在现场连铸保护渣中 Al_2O_3 配加量都会低于 10%，但是在本次研究纯化学物质 Al_2O_3 对保护渣渣膜矿物析晶影响规律时，可适当提高 Al_2O_3 配加量，考虑到实际保护渣组分种类较多，而模拟配渣方案中只考虑四种组分，因此 Al_2O_3 配加量设定为 7%~15%。另外 F^- 配加量的提高对铸坯质量影响显著，并且过多 F^- 的引入会降低结晶器寿命，造成环境污染，所以在生产连铸保护渣时 F^- 引入不宜过多，模拟配置方案 CaF_2 配加量设定为 9%~17%。

5.1.2 检测方法

FactSage 软件可实现多种预设条件下的多元相平衡模拟，即相图坐标轴可以为温度、析晶量等各种组合。本次研究的思路是采用 FactSage 软件的 Equilib 模块，如图 5-1 所示，以 $CaO-SiO_2-Al_2O_3-CaF_2$ 渣系为对象，分析不同组分情况下的热力学参数，绘制液相线，确定不同矿物析晶温度和析晶量，研究碱度（CaO/SiO_2）、Al_2O_3、CaF_2 对枪晶石、黄长石和硅灰石等矿物析晶的影响。

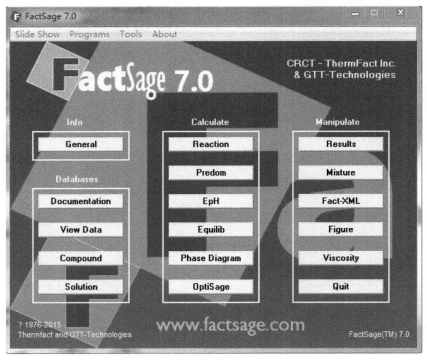

图 5-1 FactSage 软件操作界面

针对 $CaO-SiO_2-Al_2O_3-CaF_2$ 四元保护渣系，采用 FactSage 热力学软件，对渣膜中常见结晶矿物枪晶石、黄长石和硅灰石等在不同温度下的析晶过程进行模拟；渣膜析晶模拟选取了软件中 FTps、FToxide、FTsalt 数据库，应用 Equilib 模块输入不同组分的实验渣系，压力条件设定为 1atm，温度选定在 1000~1500℃ 范围内。然后，根据上述配渣方案，选择化学纯试剂配制保护渣，并在高温电阻炉将实验渣 1500℃ 恒温 2h 后，降至 1200℃ 恒温 1h，空冷至室温后获取实验渣膜进行结晶矿相研究。

5.2 保护渣成分对渣膜矿物析晶的影响

5.2.1 CaO/SiO₂ 的影响

参考实际生产时保护渣成分大致范围，调整渣系碱度在 $R(CaO/SiO_2)$ = 1~1.4 区间递变，同时保证其他组分 Al_2O_3 = 11%，CaF_2 = 13%。利用 FactSage 的 Equilib 模块，在不同碱度条件下非平衡冷却时模拟实验渣的矿物析出的过程和析晶量的变化，结果分别如图 5-2~图 5-6、表 5-2~表 5-6 所示。

图 5-2、表 5-2 所示为保护渣碱度 $R=1$，Al_2O_3 配加量为 11%，CaF_2 配加量为 13% 时不同温度下析晶矿物的模拟析晶量的变化情况。从中可以看出，当保护渣碱度 $R=1$ 时，随着温度的降低，液相量减少，在 1371.57℃ 时有固相开始析出，到 1224.44℃ 时液相完全转变为固相。模拟中析出矿物有枪晶石（cuspidine）、黄长石（melilite）、硅灰石（wollastonite）、钙长石（anorthite）。当温度下降到 1371.57℃ 时，最先析出的矿物是枪晶石；当温度下降到 1265.29℃ 时，硅灰石开始析出；当温度下降到 1246.58℃ 时，钙长石和黄长石开始析出。

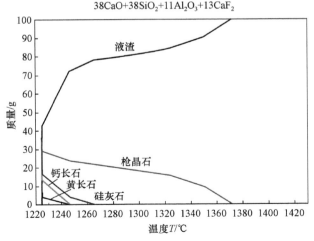

图 5-2 碱度（$R=1$）系列保护渣的模拟析晶过程

表 5-2 碱度 (R=1) 系列保护渣结晶矿物的模拟析晶量

温度/℃		1400	1375	1350	1325	1300	1275	1250	1225	1224.44
析晶矿物/g	液渣	100	100	90.36	84.40	81.40	79.01	73.42	42.61	0
	枪晶石	0	0	9.64	15.60	18.61	20.99	23.27	23.27	34.44
	黄长石	0	0	0	0	0	0	0	3.83	11.71
	硅灰石	0	0	0	0	0	0	3.32	16.75	36.74
	钙长石	0	0	0	0	0	0	0	13.55	17.11

因此,在保护渣碱度 $R=1$ 条件下,析出矿物的先后顺序为枪晶石、硅灰石、钙长石、黄长石。当液相完全转变为固相时,枪晶石的析晶量为 34.44%,硅灰石的析晶量为 36.74%,钙长石的析晶量为 17.11%,黄长石的析晶量为 11.71%。最终矿物析晶量大小依次为硅灰石、枪晶石、钙长石、黄长石。

图 5-3 和表 5-3 所示为保护渣碱度 $R=1.1$,Al_2O_3 配加量为 11%,CaF_2 配加量为 13% 时不同温度下析晶矿物的模拟析晶量的变化情况。与碱度 $R=1$ 的保护渣模拟析晶的结果相比,当碱度 $R=1.1$ 时,析出矿物的种类没有变化,仍然主要为枪晶石、黄长石、硅灰石、钙长石;固相开始析出的温度升高,在 1387.10℃ 时,枪晶石晶体首先析出;硅灰石析出温度为 1231.54℃,黄长石和钙长石同时析出,析出时温度均是 1225.22℃。

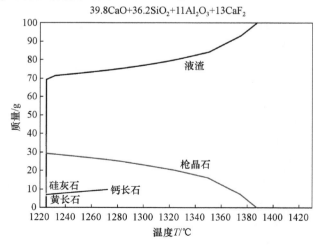

图 5-3 碱度 (R=1.1) 系列保护渣的模拟析晶过程

表 5-3 碱度 ($R=1.1$) 系列保护渣结晶矿物的模拟析晶量

温度/℃		1400	1375	1350	1325	1300	1275	1250	1225	1224.44
析晶矿物/g	液渣	100	93.03	84.01	79.89	76.82	74.41	72.47	69.36	0
	枪晶石	0	6.97	15.99	20.11	23.18	25.59	27.53	29.29	39.66
	黄长石	0	0	0	0	0	0	0	0.05	16.79
	硅灰石	0	0	0	0	0	0	0	1.26	30.57
	钙长石	0	0	0	0	0	0	0	0.04	12.98

因此，在保护渣碱度 $R=1.1$ 条件下，析出矿物的先后顺序为枪晶石、硅灰石、黄长石、钙长石。当液相完全转变为固相时，枪晶石、黄长石析晶量上升，分别达到 39.66%、16.79%；硅灰石、钙长石析晶量下降，分别为 30.57%、12.98%；最终枪晶石析晶量超过硅灰石，成为保护渣中含量最高的结晶矿物。

保护渣碱度 $R=1.2$，Al_2O_3 配加量为 11%，CaF_2 配加量为 13% 时不同温度下析晶矿物的模拟析晶量的变化情况如图 5-4 和表 5-4 所示。模拟析晶的结果表明，当碱度 $R=1.2$ 时，保护渣析出矿物的种类仍然没有变化，主要为枪晶石、黄长石、硅灰石、钙长石；固相开始析出的温度略有上升，枪晶石仍然是首先析出矿物，析晶温度是 1390.33℃；黄长石析晶温度明显升高至 1291.59℃，硅灰石在 1231.83℃析出；液相完全转变为固相的温度为 1224.44℃，此时也是钙长石晶体的开始析出温度。

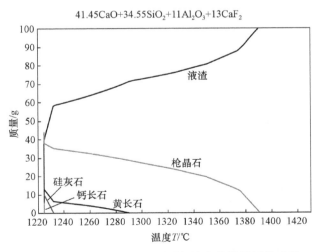

图 5-4 碱度 ($R=1.2$) 系列保护渣的模拟析晶过程

表 5-4 碱度 (R=1.2) 系列保护渣结晶矿物的模拟析晶量

温度/℃		1400	1375	1350	1325	1300	1275	1250	1225	1224.44
析晶矿物/g	液渣	100	88.01	80.68	75.99	72.62	66.97	61.55	40.04	0
	枪晶石	0	11.99	19.32	24.01	27.38	30.83	33.59	38.15	44.14
	黄长石	0	0	0	0	0	2.20	4.86	12.61	22.46
	硅灰石	0	0	0	0	0	0	0	9.20	26.18
	钙长石	0	0	0	0	0	0	0	0	7.22

因此，在保护渣碱度 $R=1.2$ 条件下，析出矿物的先后顺序变为枪晶石、黄长石、硅灰石、钙长石；并且与碱度 $R=1.1$ 的保护渣相比，各种矿物的析晶量变化趋势都一致；当液相完全转变为固相时，最终矿物析晶量大小顺序也没有改变，依次为枪晶石、硅灰石、黄长石、钙长石。

图 5-5 和表 5-5 所示为保护渣碱度 $R=1.3$，Al_2O_3 配加量为 11%，CaF_2 配加量为 13% 时不同温度下析晶矿物的模拟析晶量的变化情况。从中可以看出，当碱度 $R=1.3$ 时，保护渣析出矿物的种类仍然没有变化，主要为枪晶石、黄长石、硅灰石、钙长石；固相开始析出的温度有明显下降，但枪晶石仍然是首先析出的矿物，析晶温度为 1382.04℃；黄长石析晶温度继续呈现上升趋势，达到 1344.12℃；硅灰石、钙长石析晶温度变化不大，分别为 1236.60℃、1224.44℃。

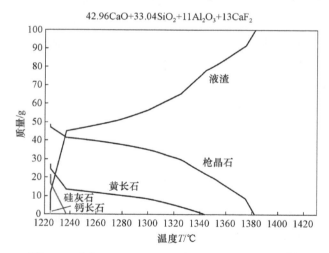

图 5-5 碱度 (R=1.3) 系列保护渣的模拟析晶过程

表 5-5 碱度 (R=1.3) 系列保护渣结晶矿物的模拟析晶量

温度/℃		1400	1375	1350	1325	1300	1275	1250	1225	1224.44
析晶矿物/g	液渣	100	91.23	79.87	65.53	56.48	50.80	46.79	12.12	0
	枪晶石	0	8.77	20.13	29.83	35.20	38.39	40.53	46.90	48.72

温度/℃		1400	1375	1350	1325	1300	1275	1250	1225	1224.44
析晶矿物/g	黄长石	0	0	0	4.64	8.32	10.81	12.68	24.45	27.43
	硅灰石	0	0	0	0	0	0	0	16.53	21.67
	钙长石	0	0	0	0	0	0	0	0	2.18

因此，与碱度 $R=1.2$ 的保护渣相比，在 $R=1.3$ 条件下，枪晶石、黄长石析晶量继续上升，硅灰石、钙长石析晶量继续下降，析出矿物的先后顺序没有变化；但当液相完全转变为固相时，最终矿物析晶量大小顺序发生变化，黄长石析晶量开始超过硅灰石，仅次于枪晶石。

保护渣碱度 $R=1.4$，Al_2O_3 配加量为 11%，CaF_2 配加量为 13% 时不同温度下析晶矿物的模拟析晶量的变化情况如图 5-6 和表 5-6 所示。结果表明，当碱度 $R=1.4$ 时，保护渣析出矿物出现硅钙石（rankinite）；固相开始析出的温度仍呈下降的趋势，在 1363.42℃ 时枪晶石首先开始析出；黄长石开始析出的温度与枪晶石接近，为 1362.36℃；然后硅钙石、硅灰石、钙长石依次析出，析晶温度分别为 1261.34℃、1236.65℃、1224.44℃。

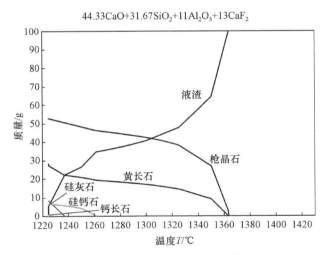

图 5-6 碱度（$R=1.4$）系列保护渣的模拟析晶过程

表 5-6 碱度（$R=1.4$）系列保护渣结晶矿物的模拟析晶量

温度/℃		1400	1375	1350	1325	1300	1275	1250	1225	1224.44
析晶矿物/g	液渣	100	100	64.19	47.68	40.66	36.45	26.46	5.64	0
	枪晶石	0	0	26.81	38.05	42.53	45.09	48.44	52.58	53.23
	黄长石	0	0	9.00	14.27	16.81	18.46	20.82	27.19	28.58

续表 5-6

温度/℃		1400	1375	1350	1325	1300	1275	1250	1225	1224.44
析晶矿物/g	硅灰石	0	0	0	0	0	0	0	8.08	10.47
	钙长石	0	0	0	0	0	0	0	0	1.02
	硅钙石	0	0	0	0	0	0	4.28	6.51	6.70

因此,在保护渣碱度 $R=1.4$ 条件下,析出矿物的先后顺序变为枪晶石、黄长石、硅钙石、硅灰石、钙长石;并且与其他低碱度的保护渣相比,枪晶石、黄长石的析晶量持续增大,硅灰石、钙长石的析晶量明显减小;当液相完全转变为固相时,最终矿物析晶量大小顺序发生改变,依次为枪晶石、黄长石、硅钙石、硅灰石、钙长石。

根据上述配渣方案,选择化学纯试剂配制碱度($R=1\sim1.4$)系列保护渣,并通过 1200℃ 恒温结晶实验分别获取实验渣膜;运用偏光显微镜辅以 XRD 衍射等手段,对渣膜中的矿物组成、含量(体积分数)及显微结构进行系统研究。分析结果见表 5-7、图 5-7 和图 5-8。

表 5-7 碱度系列保护渣在 1200℃时渣膜的矿物组成及含量 (体积分数)

渣膜编号	碱度 R	渣膜的矿物组成统计/%		
		枪晶石	黄长石	硅灰石
1 号	1.0	30~40	10~20	30~40
2 号	1.1	35~45	10~20	25~35
3 号	1.2	35~45	15~25	20~30
4 号	1.3	40~50	20~30	15~25
5 号	1.4	50~60	20~30	5~10

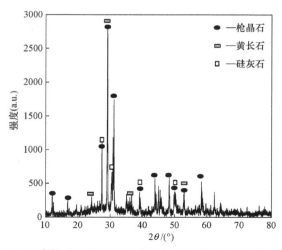

图 5-7 碱度($R=1.2$)系列保护渣渣膜的 XRD 分析图谱

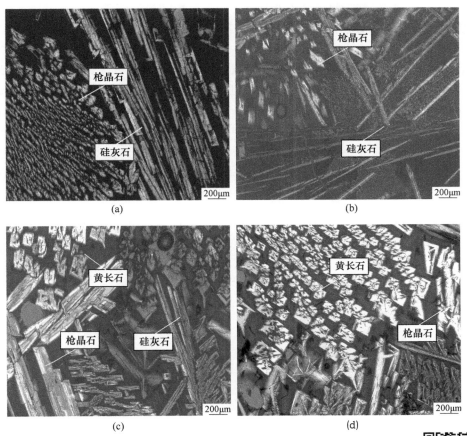

图 5-8　碱度系列保护渣渣膜的显微结构照片
(a) 1 号渣膜（R=1）透（+）×100；(b) 3 号渣膜（R=1.2）透（+）×100；
(c) 4 号渣膜（R=1.3）透（+）×100；(d) 5 号渣膜（R=1.4）透（+）×100

扫一扫
查看彩图

从鉴定结果中可以看出，碱度系列实验渣渣膜中结晶矿物主要为枪晶石、黄长石和硅灰石，与 FactSage 模拟渣膜析晶中出现的主要矿物组成一致，但偏光显微镜下没有发现模拟中微量析出的钙长石和硅钙石等矿物。结果还表明，随实验渣中碱度值的增大，渣膜结晶矿物含量也有较大的变化幅度，其中枪晶石、黄长石在渣膜中的含量持续增大，硅灰石的含量明显减小，这也进一步印证了 FactSage 模拟的析晶规律。

5.2.2　Al_2O_3 的影响

参考实际生产时保护渣成分大致范围，调整渣系组分 Al_2O_3 在 7%～15%区间递变，同时保证其他组分碱度 R=1.2，CaF_2=13%。利用 FactSage 的 Equilib 模块，在不同 Al_2O_3 配加量条件下非平衡冷却时模拟实验渣的矿物析出的过程和析晶量的变化，结果分别如图 5-9～图 5-13、表 5-8～表 5-12 所示。

图 5-9、表 5-8 所示为保护渣中 Al_2O_3 配加量为 7%，CaF_2 配加量为 13%，碱度 $R = 1.2$ 时，不同温度下析晶矿物模拟析晶量的变化情况。从中可以看出，当保护渣 Al_2O_3 配加量为 7% 时，随着温度的降低，液相量减少，在 1418.11℃ 时有固相开始析出，到 1224.44℃ 时液相完全转变为固相。模拟中析出矿物有枪晶石、黄长石、硅灰石、钙长石。当温度下降到 1418.11℃ 时，最先析出的矿物是枪晶石；当温度下降到 1268.61℃ 时，硅灰石开始析出；当温度下降到 1233.69℃ 时，黄长石开始析出；最后当温度下降到 1224.44℃ 时，钙长石析出。

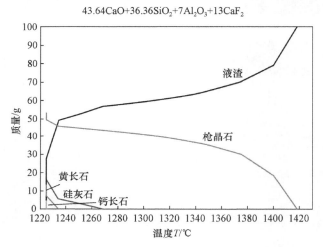

图 5-9　$Al_2O_3 = 7\%$ 系列保护渣的模拟析晶过程

表 5-8　$Al_2O_3 = 7\%$ 系列保护渣结晶矿物的模拟析晶量

温度/℃		1400	1375	1350	1325	1300	1275	1250	1225	1224.44
析晶矿物/g	液渣	79.26	70.05	65.02	61.67	59.21	57.31	52.30	27.64	0
	枪晶石	20.74	29.95	34.98	38.33	40.79	42.69	44.67	49.29	53.42
	黄长石	0	0	0	0	0	0	0	7.11	13.91
	硅灰石	0	0	0	0	0	0	3.03	15.96	27.68
	钙长石	0	0	0	0	0	0	0	0	4.99

因此，在保护渣 Al_2O_3 配加量为 7% 时，析出矿物的先后顺序为枪晶石、硅灰石、黄长石、钙长石。当液相完全转变为固相时，枪晶石的析晶量为 53.42%，硅灰石的析晶量为 27.68%，黄长石的析晶量为 13.91%，钙长石的析晶量为 4.99%。最终矿物析晶量大小依次为枪晶石、硅灰石、黄长石、钙长石。

图 5-10 和表 5-9 所示为保护渣中 Al_2O_3 配加量为 9%，CaF_2 配加量为 13%，碱度 $R=1.2$ 时不同温度下析晶矿物模拟析晶量的变化情况。与 Al_2O_3 配加量为 7% 的保护渣模拟析晶结果相比，当 Al_2O_3 配加量为 9% 时，析出矿物的种类没有变化，仍然主要为枪晶石、黄长石、硅灰石、钙长石；固相开始析出温度略有下降的趋势，在 1406.65℃ 时，枪晶石晶体首先析出；相比而言其他矿物开始析晶的温度均较低，黄长石、硅灰石、钙长石析晶温度依次为 1250.06℃、1233.82℃、1224.44℃。

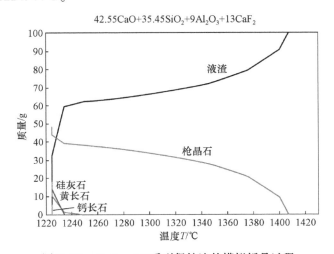

图 5-10 $Al_2O_3=9\%$ 系列保护渣的模拟析晶过程

表 5-9 $Al_2O_3=9\%$ 系列保护渣结晶矿物的模拟析晶量

温度/℃		1400	1375	1350	1325	1300	1275	1250	1225	1224.44
析晶矿物/g	液渣	90.82	79.17	73.07	69.08	66.18	63.96	62.17	32.97	0
	枪晶石	9.18	20.83	26.93	30.92	33.82	36.04	37.82	43.58	48.51
	黄长石	0	0	0	0	0	0	0.01	10.23	18.34
	硅灰石	0	0	0	0	0	0	0	13.22	27.20
	钙长石	0	0	0	0	0	0	0	0	5.95

因此，在保护渣 Al_2O_3 配加量为 9% 时，析出矿物的先后顺序为枪晶石、黄长石、硅灰石、钙长石。与 Al_2O_3 配加量为 7% 的保护渣相比，当液相完全转变为固相时，枪晶石析晶量呈现下降的趋势，黄长石析晶量略有上升，硅灰石和钙长石析晶量变化不大，但最终矿物析晶量大小顺序没有改变。

保护渣中 Al_2O_3 配加量为 11%，CaF_2 配加量为 13%，碱度 $R=1.2$ 时，不同温度下析晶矿物的模拟析晶量的变化情况如图 5-11 和表 5-10 所示。模拟析晶的结果表明，当 Al_2O_3 配加量为 11% 时，保护渣析出矿物的种类仍然没有变化，主要为枪晶石、黄长石、硅灰石、钙长石；固相开始析出温度有明显下降的趋势，枪晶石仍然是首先析出矿物，析晶温度是 1390.33℃；黄长石析晶温度明显升高至 1291.59℃，硅灰石在 1231.83℃ 析出；钙长石晶体开始析出的温度为 1224.44℃，此时液相也完全转变为固相。

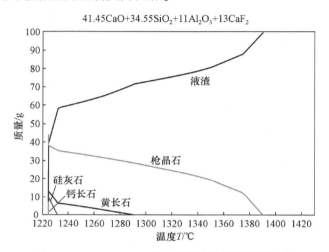

图 5-11　$Al_2O_3=11\%$ 系列保护渣的模拟析晶过程

表 5-10　$Al_2O_3=11\%$ 系列保护渣结晶矿物的模拟析晶量

温度/℃		1400	1375	1350	1325	1300	1275	1250	1225	1224.44
析晶矿物/g	液渣	100	88.01	80.68	75.99	72.62	66.97	61.55	40.04	0
	枪晶石	0	11.99	19.32	24.01	27.38	30.83	33.59	38.15	44.14
	黄长石	0	0	0	0	0	2.20	4.86	12.61	22.46
	硅灰石	0	0	0	0	0	0	0	9.20	26.18
	钙长石	0	0	0	0	0	0	0	0	7.22

因此，在 Al_2O_3 配加量为 11% 时，析出矿物的先后顺序变为枪晶石、黄长石、硅灰石、钙长石；并且与 Al_2O_3 配加量为 9% 的保护渣相比，各种矿物的析晶量变化趋势都一致；当液相完全转变为固相时，最终矿物析晶量大小顺序也没有改变，依次为枪晶石、硅灰石、黄长石、钙长石。

图 5-12 和表 5-11 所示为保护渣 Al_2O_3 配加量为 13%，CaF_2 配加量为 13%，碱度 $R=1.2$ 时不同温度下析晶矿物模拟析晶量的变化情况。从中可以看出，当保护渣 Al_2O_3 配加量为 13% 时，保护渣析出矿物的种类仍然没有变化，主要为枪晶石、黄长石、硅灰石、钙长石；固相开始析出的温度有明显下降，但枪晶石仍然是首先析出的矿物，析晶温度为 1370.14℃；黄长石析晶温度继续呈现上升趋

势，达到 1319.38℃；硅灰石、钙长石析晶温度变化不大，分别为 1228.49℃、1224.44℃。与 Al_2O_3 配加量为 11% 的保护渣相比，保护渣 Al_2O_3 配加量为 13% 时枪晶石析晶量下降，黄长石析晶量继续上升，硅灰石、钙长石析晶量变化不大，析出矿物的先后顺序没有变化；但当液相完全转变为固相时，最终矿物析晶量大小顺序发生变化，黄长石析晶量开始超过硅灰石，仅次于枪晶石。

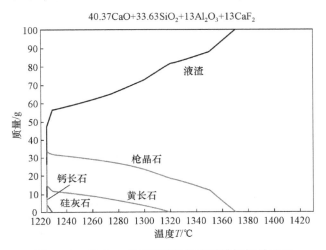

$$40.37CaO + 33.63SiO_2 + 13Al_2O_3 + 13CaF_2$$

图 5-12 Al_2O_3 = 13% 系列保护渣的模拟析晶过程

表 5-11 Al_2O_3 = 13% 系列保护渣结晶矿物的模拟析晶量

温度/℃		1400	1375	1350	1325	1300	1275	1250	1225	1224.44
析晶矿物/g	液渣	100	100	87.76	82.29	72.84	65.35	59.98	48.24	0
	枪晶石	0	0	12.24	17.71	23.44	27.42	30.12	33.18	40.40
	黄长石	0	0	0	0	3.72	7.23	9.90	14.51	26.38
	硅灰石	0	0	0	0	0	0	0	4.07	24.52
	钙长石	0	0	0	0	0	0	0	0	8.70

保护渣中 Al_2O_3 配加量为 15%，CaF_2 配加量为 13%，碱度 R = 1.2 时不同温度下析晶矿物的模拟析晶量的变化情况如图 5-13 和表 5-12 所示。结果表明，当保护渣 Al_2O_3 为 15% 时，保护渣析出矿物的种类不变；固相析出的温度仍然下降，在 1346.67℃ 时枪晶石首先析出；黄长石析出的温度与枪晶石接近，为 1337.54℃；然后硅灰石、钙长石依次析出，析晶温度分别为 1229.40℃、1224.44℃。因此，保护渣 Al_2O_3 配加量为 15% 时，析出矿物的先后顺序变为枪晶石、黄长石、硅灰石、钙长石；并且与其他低 Al_2O_3 的保护渣相比，枪晶石析晶量明显减少，黄长石析晶量持续增大，硅灰石析晶量也下降；当液相完全转变为固相时，最终矿物析晶量大小顺序依次为枪晶石、黄长石、硅灰石、钙长石。

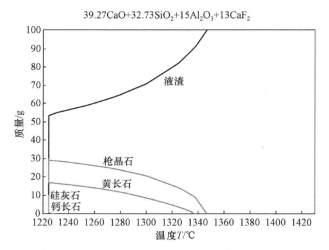

图 5-13 Al$_2$O$_3$=15%系列保护渣的模拟析晶过程

表 5-12 Al$_2$O$_3$=15%系列保护渣结晶矿物的模拟析晶量

温度/℃		1400	1375	1350	1325	1300	1275	1250	1225	1224. 44
析晶矿物/g	液渣	100	100	100	82. 24	70. 83	63. 42	58. 09	53. 29	0
	枪晶石	0	0	0	14. 16	20. 54	24. 41	27. 04	29. 09	37. 07
	黄长石	0	0	0	4	8. 64	12. 17	14. 87	17. 00	30. 01
	硅灰石	0	0	0	0	0	0	0	0	22. 44
	钙长石	0	0	0	0	0	0	0	0. 62	10. 48

根据配渣方案，选择化学纯试剂配制 Al$_2$O$_3$ 配加量为 7%～15%系列保护渣，并通过 1200℃恒温结晶实验分别获取实验渣膜，对渣膜中的矿物组成、含量及显微结构进行系统研究。分析结果见表 5-13、图 5-14 和图 5-15。

表 5-13 Al$_2$O$_3$ 系列保护渣在 1200℃时渣膜的矿物组成及含量

渣膜编号	Al$_2$O$_3$ 配加量 （质量分数）/%	渣膜的矿物组成统计 （体积分数）/%		
		枪晶石	黄长石	硅灰石
6 号	7	50～60	5～15	25～35
7 号	9	40～50	10～20	20～30
8 号	11	35～45	15～25	20～30
9 号	13	30～40	25～35	15～20
10 号	15	25～35	30～40	10～20

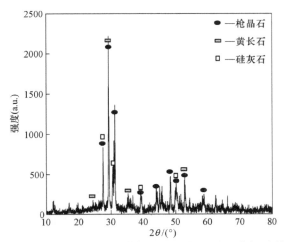

图 5-14 $Al_2O_3 = 7\%$ 系列保护渣渣膜的 XRD 分析图谱

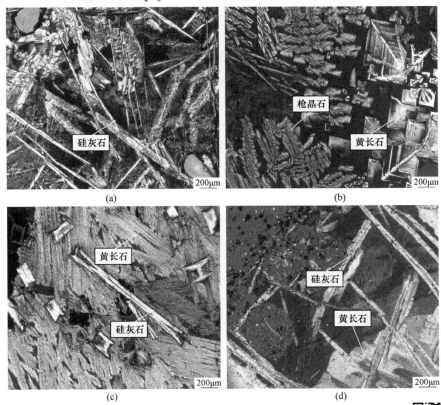

图 5-15 Al_2O_3 系列保护渣渣膜的显微结构照片

（a）6 号渣膜（$Al_2O_3 = 7\%$）透（+）×100；（b）7 号渣膜（$Al_2O_3 = 9\%$）
透（+）×100；（c）9 号渣膜（$Al_2O_3 = 13\%$）透（+）×100；
（d）10 号渣膜（$Al_2O_3 = 15\%$）透（+）×100

扫一扫
查看彩图

从表 5-13、图 5-14 和图 5-15 中可以看出，Al_2O_3 系列实验渣渣膜中结晶矿物主要为枪晶石、黄长石和硅灰石，与 FactSage 模拟渣膜析晶中出现的主要矿物组成一致，但偏光显微镜下没有发现模拟中微量析出的钙长石。结果还表明，随实验渣中 Al_2O_3 配加量的增大，各种结晶矿物在渣膜中所占百分含量也有较大的变化幅度，其中枪晶石的百分含量明显下降、黄长石的百分含量持续增大，硅灰石的百分含量也减小，这也进一步印证了 FactSage 模拟的析晶规律。

5.2.3 CaF_2 的影响

参考实际生产时保护渣成分大致范围，调整渣系组分 CaF_2 在 9%~17%区间递变，同时保证其他组分碱度 $R = 1.2$，$Al_2O_3 = 11\%$。利用 FactSage 的 Equilib 模块，在不同 CaF_2 配加量条件下非平衡冷却时模拟实验渣矿物析出的过程和析晶量的变化，结果分别如图 5-16~图 5-20、表 5-14~表 5-18 所示。

图 5-16、表 5-14 所示为保护渣中 CaF_2 配加量为 9%，Al_2O_3 配加量为 11%，碱度 $R = 1.2$ 时不同温度下析晶矿物的模拟析晶量的变化情况。从中可以看出，当保护渣 CaF_2 配加量为 9%时，随着温度的降低，液相量减少，在 1393.39℃时有固相开始析出，到 1224.44℃时液相完全转变为固相。模拟中析出矿物有枪晶石、黄长石、硅灰石、钙长石。当温度下降到 1393.39℃时，最先析出的矿物是枪晶石；当温度下降到 1282.89℃时，黄长石开始析出；硅灰石开始析出温度为 1232.84℃；最后温度下降到 1224.44℃时，钙长石开始析出。

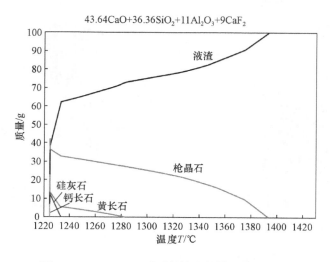

图 5-16 $CaF_2 = 9\%$ 系列保护渣的模拟析晶过程

表 5-14 CaF₂=9%系列保护渣结晶矿物的模拟析晶量

温度/℃		1400	1375	1350	1325	1300	1275	1250	1225	1224.44
析晶矿物/g	液渣	100	90.53	83.10	78.32	74.89	70.81	65.10	38.62	0
	枪晶石	0	9.47	16.90	21.68	25.11	28.15	31.08	36.47	42.25
	黄长石	0	0	0	0	0	1.04	3.82	13.21	22.71
	硅灰石	0	0	0	0	0	0	0	11.70	28.07
	钙长石	0	0	0	0	0	0	0	0	6.97

在保护渣 CaF₂ 配加量为9%时，析出矿物的先后顺序为枪晶石、黄长石、硅灰石、钙长石。当液相完全转变为固相时，枪晶石的析晶量为42.25%，硅灰石的析晶量为28.07%，黄长石的析晶量为22.71%，钙长石的析晶量为6.97%。最终矿物析晶量大小依次为枪晶石、黄长石、硅灰石、钙长石。

图5-17、表5-15 所示为保护渣中 CaF₂ 配加量为11%，Al₂O₃ 配加量为11%，碱度 $R=1.2$ 时不同温度下析晶矿物的模拟析晶量的变化情况。与 CaF₂ 配加量为9%的保护渣模拟析晶结果相比，当 CaF₂ 配加量为11%时，析出矿物的种类没有变化，仍然主要为枪晶石、黄长石、硅灰石、钙长石；固相开始析出温度略有下降的趋势，在1392.56℃时，枪晶石晶体首先析出；相比而言，其他矿物开始析晶的温度均较低，黄长石、硅灰石、钙长石析晶温度依次为1287.86℃、1232.19℃、1224.44℃。

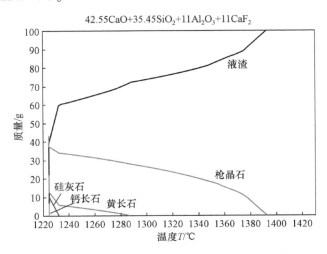

图 5-17 CaF₂=11%系列保护渣的模拟析晶过程

表 5-15　CaF₂=11%系列保护渣结晶矿物的模拟析晶量

温度/℃		1400	1375	1350	1325	1300	1275	1250	1225	1224.44
析晶矿物/g	液渣	100	88.94	81.59	76.87	73.49	68.52	62.98	39.76	0
	枪晶石	0	11.06	18.41	23.13	26.51	29.78	32.61	37.46	43.40
	黄长石	0	0	0	0	0	1.70	4.41	12.73	22.52
	硅灰石	0	0	0	0	0	0	0	10.05	26.91
	钙长石	0	0	0	0	0	0	0	0	7.17

在保护渣 CaF₂ 配加量为 11% 时，析出矿物的先后顺序为枪晶石、黄长石、硅灰石、钙长石。与 CaF₂ 配加量为 9% 的保护渣相比，当液相完全转变为固相时，枪晶石析晶量略有上升的趋势，硅灰石析晶量略有下降，黄长石和钙长石析晶量变化不大，但最终矿物析晶量大小顺序没有改变。

保护渣中 CaF₂ 配加量为 13%，Al₂O₃ 配加量为 11%，碱度 R=1.2 时不同温度下析晶矿物模拟析晶量的变化情况如图 5-18 和表 5-16 所示。模拟析晶的结果表明，当 CaF₂ 配加量为 13% 时，保护渣析出矿物的种类仍然没有变化，主要为枪晶石、黄长石、硅灰石、钙长石；固相开始析出温度下降，枪晶石仍然是首先析出矿物，析晶温度是 1390.33℃；黄长石析晶温度明显升高至 1291.59℃，硅灰石在 1231.83℃ 析出；钙长石晶体开始析出的温度为 1224.44℃，此时液相也完全转变为固相。

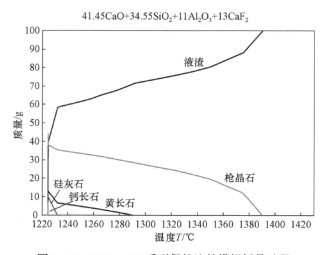

$$41.45CaO+34.55SiO_2+11Al_2O_3+13CaF_2$$

图 5-18　CaF₂=13% 系列保护渣的模拟析晶过程

表 5-16 $CaF_2 = 13\%$ 系列保护渣结晶矿物的模拟析晶量

温度/℃		1400	1375	1350	1325	1300	1275	1250	1225	1224.44
析晶矿物/g	液渣	100	88.01	80.68	75.99	72.62	66.97	61.55	40.04	0
	枪晶石	0	11.99	19.32	24.01	27.38	30.83	33.59	38.15	44.14
	黄长石	0	0	0	0	0	2.20	4.86	12.61	22.46
	硅灰石	0	0	0	0	0	0	0	9.20	26.18
	钙长石	0	0	0	0	0	0	0	0	7.22

在保护渣中 CaF_2 配加量为 13% 时，析出矿物的先后顺序仍然为枪晶石、黄长石、硅灰石和钙长石；并且与 CaF_2 配加量为 11% 的保护渣相比，各种矿物的析晶量变化趋势都一致；当液相完全转变为固相时，最终矿物析晶大小顺序也没有改变，依次为枪晶石、硅灰石、黄长石、钙长石。

图 5-19 和表 5-17 所示为保护渣 CaF_2 配加量为 15%，Al_2O_3 配加量为 11%，碱度 $R = 1.2$ 时不同温度下析晶矿物的模拟析晶量的变化情况。从中可以看出，当保护渣 CaF_2 配加量为 15% 时，保护渣析出矿物的种类仍然没有变化，主要为枪晶石、黄长石、硅灰石、钙长石；固相开始析出的温度略有下降，枪晶石仍然是首先析出的矿物，析晶温度为 1387.90℃；黄长石、硅灰石、钙长石析晶温度均变化不大，分别为 1296.13℃、1231.52℃、1224.44℃。

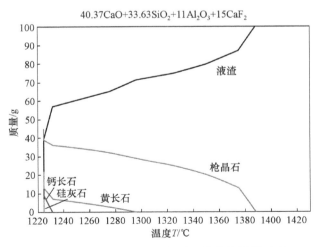

图 5-19 $CaF_2 = 15\%$ 系列保护渣的模拟析晶过程

表 5-17 CaF₂=15%系列保护渣结晶矿物的模拟析晶量

温度/℃		1400	1375	1350	1325	1300	1275	1250	1225	1224.44
析晶矿物/g	液渣	100	88.01	80.68	75.99	72.62	66.97	61.55	40.04	0
	枪晶石	0	11.99	19.32	24.01	27.38	30.83	33.59	38.15	44.14
	黄长石	0	0	0	0	0	2.20	4.86	12.61	22.46
	硅灰石	0	0	0	0	0	0	0	9.20	26.18
	钙长石	0	0	0	0	0	0	0	0	7.22

与 CaF₂ 配加量为 13%的保护渣相比，保护渣 CaF₂ 配加量为 15%时，硅灰石析晶量略有下降，枪晶石、黄长石和钙长石的析晶量均变化不大，析出矿物的先后顺序没有变化；当液相完全转变为固相时，最终矿物析晶量大小依次为枪晶石、硅灰石、黄长石、钙长石。

保护渣中 CaF₂ 配加量为 17%，Al_2O_3 配加量为 11%，碱度 $R=1.2$ 时不同温度下析晶矿物的模拟析晶量的变化情况如图 5-20 和表 5-18 所示。结果表明，当 CaF₂ 配加量为 17%时，保护渣析出矿物的种类不变；在 1385.31℃时枪晶石晶体首先析出；而其他矿物黄长石、硅灰石、钙长石的析晶温度均变化不大，依次为1299.80℃、1231.07℃、1224.44℃。

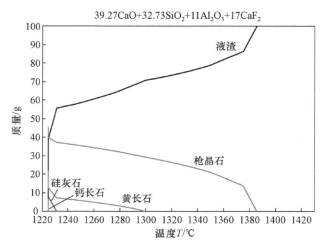

图 5-20 CaF₂=17%系列保护渣的模拟析晶过程

表 5-18 $CaF_2=17\%$ 系列保护渣结晶矿物的模拟析晶量

温度/℃		1400	1375	1350	1325	1300	1275	1250	1225	1224.44
析晶矿物/g	液渣	100	86.13	78.81	74.14	70.81	63.62	58.45	40.30	0
	枪晶石	0	13.87	21.19	25.86	29.19	33.05	35.68	39.67	45.69
	黄长石	0	0	0	0	0	3.33	5.87	12.50	22.42
	硅灰石	0	0	0	0	0	0	0	7.53	24.62
	钙长石	0	0	0	0	0	0	0	0	7.27

保护渣 CaF_2 配加量为 17% 时，与其他低 CaF_2 的保护渣相比，析出矿物的先后顺序没有变化；枪晶石析晶量略有增大，硅灰石析晶量略有下降；当液相完全转变为固相时，最终矿物析晶量大小顺序也没有变化。

根据配渣方案，选择化学纯试剂配制 CaF_2 配加量为 9% ~ 17% 系列保护渣，并通过 1200℃ 恒温结晶实验分别获取实验渣膜，对渣膜中的矿物组成、含量及显微结构进行系统研究。分析结果见表 5-19、图 5-21 和图 5-22。

表 5-19 CaF_2 系列保护渣在 1200℃ 时渣膜的矿物组成及含量

渣膜编号	CaF_2 配加量（质量分数）/%	渣膜的矿物组成统计（体积分数）/%		
		枪晶石	黄长石	硅灰石
11 号	9	25~35	20~30	30~40
12 号	11	30~40	25~35	25~35
13 号	13	35~45	15~25	20~30
14 号	15	40~50	20~30	20~30
15 号	17	45~55	15~25	15~25

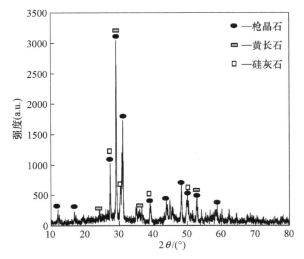

图 5-21 $CaF_2=17\%$ 系列保护渣渣膜的 XRD 分析图谱

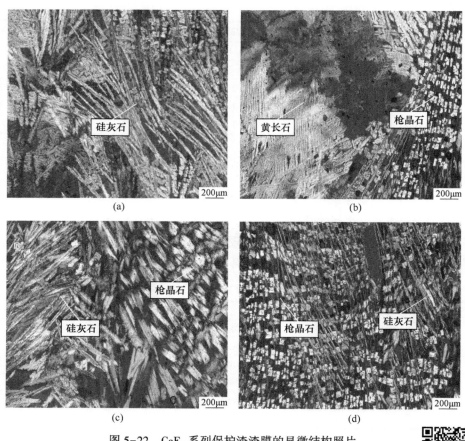

图 5-22　CaF$_2$ 系列保护渣渣膜的显微结构照片

（a）11 号渣膜（CaF$_2$＝9%）透（＋）×100；（b）12 号渣膜（CaF$_2$＝11%）
透（＋）×100；（c）14 号渣膜（CaF$_2$＝15%）透（＋）×100；
（d）15 号渣膜（CaF$_2$＝17%）透（＋）×100

扫一扫
查看彩图

　　CaF$_2$ 系列实验渣渣膜中结晶矿物主要为枪晶石、黄长石和硅灰石，与 FactSage 模拟渣膜析晶中出现的主要矿物组成一致，但偏光显微镜下没有发现模拟中微量析出的钙长石。结果还表明，随实验渣中 CaF$_2$ 配加量的增大，各种结晶矿物在渣膜中的含量（体积分数）也略有小幅度变化，其中枪晶石的含量（体积分数）略有上升的趋势，硅灰石的含量（体积分数）略有减小，黄长石的含量（体积分数）变化不大，这也进一步印证了 FactSage 模拟的析晶规律。

5.3　现场不同钢种渣膜的形成机理分析

　　根据现场各钢种结晶器保护渣成分，选取对渣膜矿相结构有重要影响的

SiO_2、Al_2O_3、CaO、CaF_2、MgO 五元组分，按比例计算并配渣，利用 FactSage 软件进行析晶过程模拟，为现场渣膜矿相结构的形成机理分析奠定基础。

5.3.1 中碳钢

中碳钢保护渣模拟结果显示，最终的矿物生成物主要是由枪晶石和黄长石及少量硅灰石组成的，见表 5-20 和图 5-23。枪晶石于 1459.43℃时开始析出，析晶速率变化程度不大，平均温度降至约 1300℃时，中间产物镁硅钙石出现，当温度降到 1247℃时，铝黄长石开始析出，但析晶速率较低，直至温度为 1200℃时，镁硅钙石含量（体积分数）降低，镁黄长石、假硅灰石开始析出，此时铝黄长石的析晶速度瞬间升高，当温度降至 1150℃时，熔渣完全凝固，枪晶石、镁黄长石、铝黄长石均析晶结束，温度继续降低，伴有 $CaSiO_3$ 的相转变过程发生。

表 5-20 不同温度下中碳钢渣膜的矿物模拟析晶量

温度/℃		1450	1400	1350	1300	1250	1200	1150	1100
析晶矿物/g	液渣	99.987	88.156	81.017	76.143	62.038	44.841	0	0
	枪晶石	0.012518	11.844	18.983	23.857	29.923	34.443	39.663	39.663
	镁黄长石	0	0	0	0	0	0	30.196	30.196
	铝黄长石	0	0	0	0	0	2.9909	18.583	18.583
	镁硅钙石	0	0	0	0	8.0388	17.725	1.0265	1.0265
	假硅灰石	0	0	0	0	0	0	10.531	0
	硅灰石	0	0	0	0	0	0	0	10.531

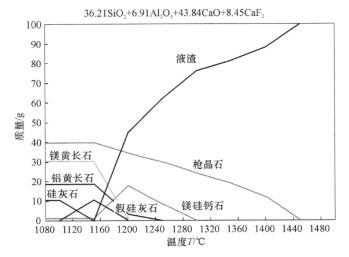

图 5-23 中碳钢保护渣渣膜析晶过程模拟

显微镜下观察现场中碳钢渣膜内的主要析晶矿物是枪晶石和少量黄长石，并且枪晶石与黄长石之间存在明显界限，枪晶石位于靠近结晶器侧，黄长石位于枪晶石与靠近铸坯侧的玻璃层之间。经 FactSage 软件模拟发现，中碳钢渣膜中最先析出的矿物仍是枪晶石，其次析出的是黄长石，最后是硅灰石，因枪晶石和黄长石结晶开始之间的时间间隔较长，这个时间段中枪晶石已经几乎全部析出，即析晶过程结束，从而导致了显微镜下观察的渣膜中枪晶石与黄长石间存在着明显的界限；其中铝黄长石含量明显低于镁黄长石。由图 5-23 可以看出有少量硅灰石析出，但镜下观察与 XRD 衍射分析均未发现，推测由于连铸现场渣膜降温过快，导致渣膜在硅灰石析晶前就凝固了，或是因保护渣中较为复杂的化学成分组成，抑制了硅灰石的析晶。

5.3.2 包晶钢

由包晶钢试验渣 FactSage 模拟（见表 5-21 和图 5-24）可以发现，从 1500℃开始保护渣出现晶体，温度降至 1150℃时液态保护渣完全转变成固相。包晶钢试验渣中先后共析出了 5 种矿物，随着温度降低，熔渣中首先析出的是枪晶石，自 1500℃降至 1250℃仅析出这一种矿物，枪晶石的析晶曲线呈典型的"凸"形，即开始析晶时速率最快，随着温度的降低，析晶速率表现为逐渐减慢。当温度达到 1250℃，四种矿物开始析出，其中镁黄长石含量增速最快，析晶速度达 0.344g/℃；铝黄长石、钙长石及假硅灰石虽有析出，但含量很少；直至熔渣温度降至 1200℃，这 3 种矿物析晶速率均有所升高，但因析晶时间过程较短而造成矿物含量较低；当温度降至 1150℃，各矿物几乎均不再析出晶体，只有假硅灰石含量开始逐渐降低，对应的硅灰石含量同速率升高，当假硅灰石含量为零时，硅灰石含量达到稳定，两者变化全过程总含量一直恒定未变。

表 5-21 不同温度下包晶钢渣膜的矿物模拟析晶量

温度/℃		1450	1400	1350	1300	1250	1200	1150	1100
析晶矿物/g	液渣	85.81	76.836	71.222	67.291	62.621	40.695	0	0
	枪晶石	14.19	23.16	28.78	32.71	36.01	41.36	46.235	46.235
	镁黄长石	0	0	0	0	0	13.728	31.318	31.318
	铝黄长石	0	0	0	0	0	1.7528	10.318	10.318
	假硅灰石	0	0	0	0	0	0	6.3899	0
	硅灰石	0	0	0	0	0	0	0	6.3899
	钙长石	0	0	0	0	0	0	5.739	5.739

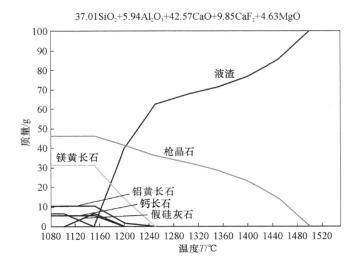

$37.01SiO_2+5.94Al_2O_3+42.57CaO+9.85CaF_2+4.63MgO$

图 5-24 包晶钢试验渣渣膜析晶过程模拟

包晶钢渣膜中观察到的黄长石含量明显高于枪晶石，主要原因在于枪晶石开始析晶的速率较快，并大量析出，但是随着温度的升高，枪晶石析晶速率逐渐减慢。温度越靠近临界冷却速率，矿物的析出速率越低，晶体的析出量越少。受现场连铸工艺的影响，模拟的枪晶石后期的缓慢析晶过程难以实现，从而导致现场渣膜中枪晶石含量比模拟析出量低一些；而黄长石的析晶速率较快，受现场连铸的影响较小，故表现为渣膜中黄长石含量高于枪晶石。模拟的包晶钢保护渣具有析晶温度明显高于前面两个钢种保护渣的特点，这也正好符合包晶钢浇铸对保护渣的要求，可使结晶器弯月面处初生坯壳实现弱冷却，避免铸坯纵裂的发生。

5.3.3 低合金钢

低合金钢试验渣模拟结果（见表 5-22 和图 5-25）显示，析出矿物中黄长石和枪晶石所占含量较高，其中含有部分硅灰石和镁硅钙石；晶体的析出顺序仍是枪晶石最先析出，其次是黄长石，最后是钙长石和硅灰石。在枪晶石析出之后黄长石析出之前，仍出现部分镁硅钙石，镁硅钙石开始减少，黄长石恰好析晶开始。当温度为 1249.8℃ 时，假硅灰石开始析出，约在 1150℃ 时假硅灰石含量降低，硅灰石含量增加，两者含量总和未发生变化。自黄长石开始析出至熔渣析晶结束这段过程中熔渣的凝固速率是最快的。当温度降至 1100℃ 后假硅灰石全部转化成硅灰石。

表 5-22 不同温度下低合金钢渣膜的矿物模拟析晶量

温度/℃		1450	1400	1350	1300	1250	1200	1150	1100
析晶矿物/g	液渣	93.498	83.488	77.391	73.218	65.078	28.677	0	0
	枪晶石	6.5023	16.512	22.609	26.782	31.037	37.152	40.18	40.18
	假硅灰石	0	0	0	0	0	9.8032	18.481	0
	硅灰石	0	0	0	0	0	0	0	18.481
	镁黄长石	0	0	0	0	0	0	15.259	15.259
	铝黄长石	0	0	0	0	0	7.5579	17.238	17.238
	镁硅钙石	0	0	0	0	3.8849	16.81	8.842	8.842

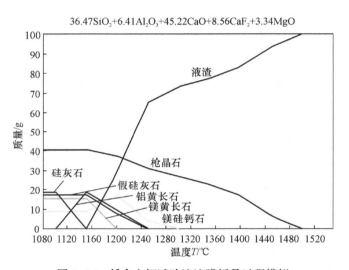

图 5-25 低合金钢试验渣渣膜析晶过程模拟

偏光显微镜下观察发现，低合金钢现场渣膜中黄长石与枪晶石界限明显，而与硅灰石无明显界限，推测是由于枪晶石的析晶温度明显高于黄长石和硅灰石，而黄长石和假硅灰石的结晶温度十分接近，硅灰石是由假硅灰石转变的，黄长石和假硅灰石开始析晶时枪晶石的析晶过程几乎已经结束了，几乎相当于渣膜是分层开始结晶的，故存在少量硅灰石介于枪晶石和黄长石之间，与黄长石穿插生长而无分界线。渣膜中黄长石骸晶的出现除了与结晶器冷却速度快有关之外，还与受到了黄长石的析晶速率快的影响有密切联系。在中碳钢和低合金钢的试验渣模拟过程中，渣膜中均出现了中间产物镁硅钙石，并且镁硅钙石含量降低的同时黄长石开始析出，可以看出镁硅钙石是熔渣降温过程中析出黄长石的中间产物。

5.3.4 低碳钢

低碳钢试验渣 FactSage 模拟结果（见表5-23和图5-26）显示，渣膜中主要析出矿物包括枪晶石、黄长石，并伴有极少量的辉石。当温度由1600℃降低至1450℃时，熔渣开始凝固，此时渣膜中的枪晶石开始析出，随着温度的降低，枪晶石析晶速度逐渐减慢，温度降至1300℃时，黄长石开始析出，黄长石析晶速度随温度的降低而加快，1200℃时伴有少量辉石和中间产物 $Mg_9Si_4F_2O_{16}$ 产生；当温度达到1150℃时，熔渣完全凝固，铝黄长石析晶过程结束，但随温度的继续降低，渣中结晶相仍在发生转变，黄长石含量出现减少，枪晶石含量升高，中间产物 $Mg_9Si_4F_2O_{16}$ 逐渐转化成 Mg_2SiO_4 和枪晶石。当温度达到1100℃时，渣膜析晶过程结束，熔渣的相转变过程结束。

表5-23　不同温度下低碳钢渣膜的矿物模拟析晶量

温度/℃		1400	1350	1300	1250	1200	1150	1100
析晶矿物/g	液渣	95.87	87.90	82.26	68.25	49.71	0	0
	枪晶石	4.13	12.11	17.74	23.69	28.23	36.98	38.912
	镁黄长石	0	0	0	8.07	22.06	42.92	39.56
	铝黄长石	0	0	0	0	0	15.42	15.42
	$Mg_9Si_4F_2O_{16}$	0	0	0	0	0	3.3037	0
	Mg_2SiO_4	0	0	0	0	0	0	3.97
	镁硅钙石	0	0	0	0	0	1.38	2.15

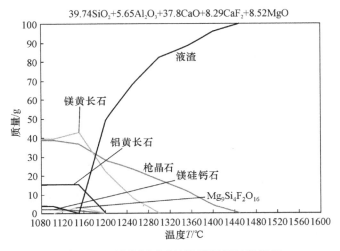

图5-26　低碳钢试验渣渣膜析晶过程模拟

在偏光显微镜下观察得知，现场低碳钢保护渣渣膜中仅存在一种少量的结晶矿物为枪晶石，并且枪晶石位于靠近结晶器侧。而利用 FactSage 进行析晶过程模拟，析晶过程中还可见少量黄长石及少量其他矿物。从图 5-26 中可以看出，枪晶石确实是低碳钢渣膜中最先析出的矿物，在温度降至 1200℃ 之前枪晶石含量明显高于黄长石，由此可分析出为何渣膜中析出唯一的矿物只能是枪晶石。

5.3.5　超低碳钢

对于超低碳钢连铸用保护渣，保护渣的析晶速率总体较为缓慢。由表 5-24 和图 5-27 可见，当熔渣温度降低至 1450℃ 熔渣开始析晶，最先析出一种矿物枪晶石，其析晶速度变化不大，约 0.125g/℃；当温度降至 1293℃，镁黄长石和假硅灰石几乎均开始析晶，但两者的析出晶体量都很少，直至 1250℃，镁黄长石以 0.356g/℃ 结晶速度大量析出，而假硅灰石的析晶速率在 1200℃ 左右出现升高，但仍维持在较低程度，因而假硅灰石含量很少，仅在 3% 左右；同时 1200℃ 左右铝黄长石和辉石开始析晶，铝黄长石的析晶速度及含量明显高于辉石，但含量均远低于枪晶石和镁黄长石；除了硅灰石之外，几乎所有矿物均在 1150℃ 左右析晶结束，只有硅灰石的含量开始变化，试验渣中假硅灰石含量逐渐降低而硅灰石含量则逐渐升高，硅灰石与假硅灰石含量的变化速率是一样的，并且两者的总含量是不变的。

表 5-24　不同温度下超低碳钢渣膜的矿物模拟析晶量

温度/℃		1400	1350	1300	1250	1200	1150	1100
析晶矿物/g	液渣	91.17	85.01	80.55	75.04	54.32	0	0
	枪晶石	8.94	15.19	19.70	23.41	28.27	37.08	37.08
	镁黄长石	0	0	0	1.25	16.40	32.12	32.12
	铝黄长石	0	0	0	0	0	15.84	15.84
	镁硅钙石	0	0	0	0	0	11.03	11.03
	假硅灰石	0	0	0	0.56	1.40	3.92	0
	硅灰石	0	0	0	0	0	0	3.92

显微镜下观察到的超低碳钢渣膜的结晶率虽然较低，但由于具有降低黏度和熔化速度功能的 MgO 含量稍高些，故出现其渣膜矿物中的黄长石含量明显多于枪晶石的现象。由于超低碳钢的保护渣熔点较高，使得渣在冷却过程中的析晶温度区间较少，从而渣膜可析晶时间较短，使得超低碳钢的渣膜结晶率较低。

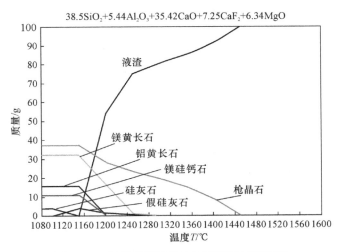

图 5-27　超低碳钢试验渣渣膜析晶过程模拟

　　经 FactSage 模拟发现，五种钢种类型保护渣渣膜均出现了五种矿物晶体，同时都有一种矿物是渣膜内的中间产物，其中，枪晶石和黄长石是五种渣膜中主要结晶矿物。虽然五种钢种类型薄板坯保护渣渣膜中的析出矿物稍有不同，但析出矿物的析晶顺序却几乎一致，并且大部分与各矿物结晶温度的高低顺序相一致。随着温度的降低，渣膜中矿物析晶过程依次分为 4 个阶段：首先表现为枪晶石的析晶；其次，黄长石和假硅灰石结晶；然后，辉石、钙长石和镁硅钙石析出；最后是硅灰石的析出。

　　在不同钢种板坯渣膜中，同种矿物析晶的持续时间、析晶速度均相差不大；不同矿物的析晶过程也都各具特点，主要表现在以下几个方面。第一，枪晶石析晶过程持续时间最长，且其析晶速度均呈"先快后慢"的逐渐降速状态。枪晶石的开始析出都是在熔渣开始析晶发生，一直持续到硅灰石析晶开始时结束，即经历了渣膜的 3 个析晶阶段。第二，黄长石析晶过程的持续时间较短，但其往往可在短时间内完成大量的析晶过程。渣膜中黄长石主要为镁黄长石，但也伴有部分铝黄长石，这与利用显微镜观察渣膜矿相的结果也是一致的，渣膜内镁黄长石结晶速率往往都比铝黄长石结晶速率快，且含量也几乎都远高于铝黄长石。第三，辉石、钙长石和镁硅钙石的析出量往往较少，假硅灰石的析出均在达到析晶量最高点时开始转化成硅灰石。渣膜中的中间产物的析出往往都随温度的降低表现为从无到有、升至最高点、含量降低、晶体转化结束。过程中均未出现析出量达到最高点后析晶量保持不变的现象。第四，硅灰石的析出是在其他矿物析晶结束开始由假硅灰石转化为硅灰石，转化速度较快，在 50℃ 的降温过程中即可完成转化。

　　利用 FactSage 模拟五种类型钢种渣膜的析晶规律，虽然在总体上具有一致性，但因浇铸钢种工艺的不同，五种板坯渣膜的析晶过程也表现出较强的差异性。首先，在渣膜中矿物的析晶温度方面，可明显看出，低碳钢渣膜的析晶温度最低，中碳钢和低合金钢保护渣渣膜的析晶温度较低，包晶钢与超低碳钢渣膜的析晶温度稍高于前三种类型渣膜。然后，在渣膜的析晶矿物种类和析晶率方面，低碳钢渣膜中的枪晶石和黄长石所占含量为最高，不含有硅灰石；包晶钢渣膜中枪晶石含量为最高，含有少量钙长石；中碳钢和低碳钢均含有部分硅灰石和镁硅钙石，其中，低合金钢渣膜所含硅灰石达到了 15% 以上。最后，在渣膜的矿相结构方面，渣膜的分层特征、晶体粒径和形态有所不同。超低碳钢与低碳钢渣膜分层简单，晶体粒径较小，这是受渣碱度低影响的同时现场连铸中结晶器内降温速率与渣的临界冷却速率较接近，减少了渣膜的结晶孕育时间和晶体生长时间，易使渣膜矿物含量少，且晶体发育程度小；而在包晶钢、中碳钢和低合金钢渣膜中，均有大量黄长石是在 100℃ 甚至是 50℃ 的降温区间内析出的，在这种快速降温情况下，容易析出黄长石骸晶。

　　利用 FactSage 模拟所得的保护渣渣膜析晶矿物种类、析晶量往往明显高于在偏光显微镜下观察到的结晶矿相种类和析晶量。分析认为，一方面，FactSage 模拟是熔融状态的渣膜冷却的全析晶过程，而现场生产过程中，因渣膜处于连铸结晶器与初生坯壳间，具有相当大的温度梯度，渣膜降温冷却过程较快，因此会存在部分玻璃相，渣膜中矿物结晶率要低于 FactSage 模拟的矿物析晶率；另一方面，现场保护渣成分种类明显多于试验渣的成分种类，这 5 种成分之外的成分亦会对渣膜产生一定的物化作用，从而影响渣膜的矿相结构。

　　综上所述，超低碳钢和低碳钢保护渣渣膜析晶温度低，包晶钢、中碳钢和低合金钢渣膜析晶温度高，是引起渣膜润滑和传热性能良好的原因；熔渣在 1500～1200℃ 区间内的析晶量是渣膜结晶率高低的直接反应；渣膜中枪晶石析晶早，持续过程长并且与其他结晶矿物共有析晶温度区间少是渣膜中枪晶石与其他间存在明显界限的原因。这些渣膜的析晶规律决定着渣膜的矿相结构，不同的矿相结构所能满足来自连铸工艺和铸坯质量的要求也是不同的。因此将渣膜析晶规律、矿相结构和连铸工艺相结合，分析铸坯质量缺陷的形成机制，更利于现场的指导和铸坯质量的提高。

6 渣膜结构对铸坯表面质量的影响机制

6.1 保护渣黏度和渣膜热流密度分析

6.1.1 固态渣膜形成过程中的热流密度

连铸过程中结晶器的传热条件对生产的顺行和保证无缺陷的铸坯至关重要，一般来说，合理控制结晶器与铸坯间的水平传热可以有效地防止亚包晶钢、中碳钢等裂纹敏感性钢种铸坯纵裂纹的产生。

保护渣加入结晶器内后覆盖在钢水表面，吸收钢液热量后会逐渐熔化，产生一定厚度的液态渣层。液渣随结晶器振动不断流入器壁和铸坯间的缝隙中，受到强制冷却的作用会不断冷凝，产生一定厚度的渣膜。一般来说，结晶器内存在的渣膜热阻主要是由液渣膜热阻与固渣膜热阻两部分共同组成。通常情况下，渣膜厚度很薄，仅为 1~2mm，其液渣层厚度占 0.2mm 左右，由于液态渣膜很薄与固态渣膜相比其对结晶器的传热作用常常可以忽略不计，故渣膜对结晶器传热的控制作用通常是借助固态渣膜的热传导和热辐射作用来协同实现。生成的固态渣膜主要是玻璃相与结晶相的组成体，通常靠近结晶器壁侧分布的是玻璃相，近铸坯一侧产生的是结晶相，且二者在渣膜中所占的比例随保护渣物化性能和连铸工艺条件的区别也存在着显著差异。

利用不同钢种的保护渣原渣实验室内制取渣膜并运用重庆大学研发的渣膜热流模拟与黏度测定装置分别测量模拟过程中各实验渣膜对应的热流密度值。固态渣膜制取阶段中各时刻通过模拟结晶器内的热流密度的测定结果见表6-1。

表 6-1 固态渣膜形成过程中的热流密度

渣号	热流密度/MW·m⁻²									
	0s	5s	10s	15s	20s	25s	30s	35s	40s	45s
S-1	0.500	0.999	0.990	0.935	0.870	0.842	0.814	0.786	0.768	0.749
S-2	0.518	1.055	1.055	0.972	0.925	0.888	0.833	0.786	0.749	0.722
S-3	0.490	0.981	1.083	0.981	0.925	0.879	0.851	0.833	0.796	0.768
S-4	0.432	0.932	0.913	0.830	0.784	0.747	0.709	0.682	0.654	0.645
S-5	0.509	1.009	0.990	0.907	0.861	0.824	0.786	0.759	0.731	0.722
S-6	0.355	0.854	0.845	0.790	0.725	0.697	0.669	0.641	0.623	0.604

渣膜的热流特征时间指的是铜探头从浸入液态熔渣到形成稳定气隙所需要的

时间。根据表 6-1 中特征时间 45s 内的热流密度数据，分别汇总出各钢种所用保护渣不同时刻穿过固态渣膜的热流密度，如图 6-1 所示。

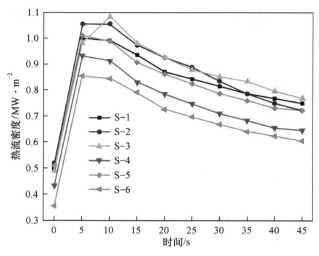

图 6-1　不同时刻的渣膜热流密度值

　　由表 6-1 和图 6-1 可知，在铜探头浸入实验熔渣 45s 的过程中，模拟结晶器内穿过实验渣膜的热流密度值表现出来的变化趋势基本相同，均表现为先迅速增大后逐渐减小，且热流密度值均在 5~10s 的区段内抵达各自的峰值。因连铸钢种的差异，各实验渣膜的热流密度值亦不相同。分析原因认为，0~5s 内是固态渣膜的形成初期，通过渣膜的热流密度不稳定，表现为急剧升高；而在渣膜成长阶段（5~45s）其厚度表现为不断增大，使得渣膜热阻随之不断增大，同时，在热流密度测定过程中，炉内冷却水的通入、循环带走了液渣的热量，或使得炉内热量不断辐射到外围环境中，故而减小了存在于渣膜两侧的温度梯度，降低了渣膜的导热量及结晶器内的热流密度值。此外，渣膜的冷却收缩和渣膜中结晶相的生成会产生一定量的气隙，也会降低渣膜形成阶段的热流密度值。

　　实际连铸过程中，在浇铸的前期阶段，结晶器内的固态渣膜逐渐形成。覆盖在结晶器钢液表面的保护渣吸收热量不断熔化会产生一层液态熔渣铺展在钢水表面上，在结晶器振动和拉坯运动的作用下逐渐流入器壁和铸坯坯壳二者间的缝隙中，紧邻器壁侧的液态熔渣会因急速受冷迅速凝结成玻璃层，靠铸坯一侧随渣膜析晶而出现结晶层。在器壁和铸坯之间由于横向上存在的温度梯度作用会逐渐形成结构复杂的固态渣膜。通常情况下，生成的固态渣厚度多在 2~3mm 之间，且渣膜厚度值与结晶器内的传热情况有密切关联。一般来说，保护渣的凝固温度决定了结晶器内形成的渣膜厚度，且凝固温度越高模拟过程中对应生成的固态渣膜越厚，可以有效地降低热量传递值。

6.1.2 保护渣黏度与渣膜热流密度的关系

黏度是体现熔渣中结构微元体移动能力大小的一项物理指标，熔渣黏度是指熔渣移动时各渣层分子间内在摩擦力的大小。保护渣黏度过大会恶化熔渣的流动性能，使熔渣黏结性增强，流入结晶器与铸坯间的量减少，使得保护渣的渣耗量减少，形成的渣膜减薄，对润滑不利；同时，保护渣黏度过小时熔渣的黏结性减弱，对应流动性增强，使得形成的渣膜变厚且不均匀，易引发亚包晶钢等裂纹敏感性钢种出现铸坯裂等质量缺陷。

采用结晶器渣膜热流模拟和黏度测试仪重复 3 次测量 6 组实验保护渣的黏度和热流密度值，所得数据见表 6-2。根据表 6-2 中的实验数据可得保护渣黏度和对应渣膜热流密度之间的关联，如图 6-2 所示。

表 6-2　实验渣的黏度和热流密度

渣号	黏度/Pa·s	最大热流密度/MW·m^{-2}	平均热流密度/MW·m^{-2}
S-1	0.195	1.200	0.896
S-2	0.293	1.052	0.872
S-3	0.237	1.249	0.884
S-4	0.102	1.191	0.914
S-5	0.374	1.101	0.838
S-6	0.457	1.039	0.768

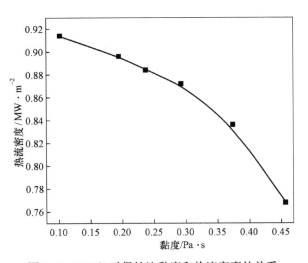

图 6-2　1300℃时保护渣黏度和热流密度的关系

从图 6-2 可以看出，保护渣黏度值和铸坯传向结晶器壁的热流密度值二者之间呈现出负相关的趋势，即连铸过程中结晶器内的热流密度值随保护渣黏度增大逐渐减小。观察发现，黏度小的保护渣加热后在高温下熔化形成的液态渣膜较厚，可以增大渣膜的导热系数，增加热流密度；而保护渣黏度较大时，会减少渣膜的形成甚至使其消失，且形成的固态渣膜中结晶相所占比例很小，多为玻璃相；同时，保护渣黏度的增大，有利于在铜探头与保护渣间形成气隙，使得保护渣的热导系数变小，因为保护渣的导热系数和通过渣膜的热流密度值呈正比，从而可使对应结晶器内的热流密度逐渐降低。

实验结果显示保护渣的导热系数与凝固温度呈反比，凝固温度增大可使保护渣固态渣膜中玻璃相的含量（体积分数）增多，结晶相所占比重减少，同时易引发渣膜和连铸结晶器壁间生成一定量的空隙，减少渣膜的传热。保护渣熔渣的凝固温度和渣膜热阻及对应导热系数间的关系如图 6-3 和图 6-4 所示。

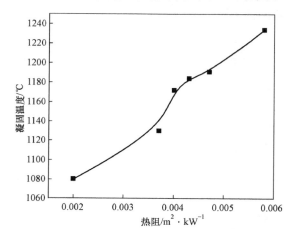

图 6-3　热阻和凝固温度的关系

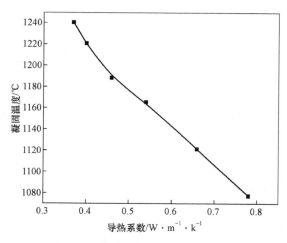

图 6-4　导热系数和凝固温度的关系

6.2 渣膜结构对结晶器传热的影响

6.2.1 渣膜结构与传热的关系

连铸过程中,结晶器保护渣的性能直接影响传热过程中热流密度的大小和传热的稳定性、均匀性。结晶器内形成的渣膜结构(如晶粒尺寸、渣膜的表面粗糙度及渣膜厚度等)不仅波及保护渣的热膨胀系数,还关系到保护渣固态渣膜和结晶器壁间生成的空隙的量和大小,从而决定铸坯和器壁间的热量传导情况。

保护渣受热熔化后不断流入结晶器内,与器壁接触急速受冷会冷凝生成一定的固态渣膜层,直接影响铸坯向器壁的热量传递,对保证铸坯质量具有重要作用。保护渣在冷却水的作用下形成的渣层包括液渣层和固渣层,由于前者具有较强的传热性,因此固态渣层的传热能力是结晶器内渣膜传热的关键性限制环节。连铸过程中保护渣渣膜的传热能力主要是受表面粗糙度、渣膜与器壁二者接触面上存在的热阻和渣膜自身固有的导热热阻的影响。其中渣膜结晶率、生成的结晶矿物的粒度尺寸及各结晶相本身的凝固收缩性能均是影响渣膜表面粗糙程度的关键性因素;而固态渣膜自身表现出来的导热情况主要取决于渣膜厚度及连铸中对应产生的矿物相种类。

渣膜表面粗糙度这一概念是由 Koichi Tsutsumi 首次引入的,指的是渣膜表面上存在的细小间距与峰谷构成的微观几何形状特征。结合渣膜光薄片的显微镜下分析可以知道,渣膜的表面粗糙程度主要和渣膜中析出的结晶矿物及其对应的晶粒尺寸有关,且晶粒大小与表面粗糙度呈现正相关,即渣膜中生成的结晶矿相的晶粒尺寸变大对应渣膜的表面粗糙度随之变大。增大固态渣膜的表面粗糙度,会增大结晶器壁与渣膜间形成的气隙,从而加大二者之间的摩擦力,进而使通过结晶器内的热流密度减少。这是因为渣膜的粗糙度增大会提高器壁和固态渣膜在接触面上存在的热阻值,从而可以有效减小二者间的传热量,使热流密度值变小。所以对于裂纹敏感性强的包晶钢钢种,通过提高渣膜的结晶率和表面粗糙度,可以降低传热热流,减少铸坯表面纵裂纹的发生。

采用游标卡尺对各实验渣膜(S-1~S-6)的厚度测量 10 次并取平均值,测得的渣膜厚度和热流密度见表 6-3。由表 6-3 中测量的各组数据绘出保护渣渣膜厚度与对应的结晶器内的热流密度二者间的关系,如图 6-5 所示。

表 6-3 实验渣的厚度和热流密度

渣号	渣膜平均厚度/mm	最大热流密度/MW·m^{-2}	平均热流密度/MW·m^{-2}
S-1	1.94	1.200	0.896
S-2	2.37	1.052	0.872
S-3	2.02	1.249	0.884
S-4	1.78	1.191	0.914

渣号	渣膜平均厚度/mm	最大热流密度/MW·m⁻²	平均热流密度/MW·m⁻²
S-5	2.69	1.101	0.838
S-6	2.93	1.039	0.768

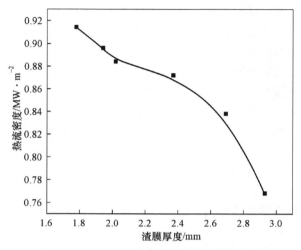

图 6-5 热流密度和渣膜厚度的关系

由图 6-5 可知，模拟过程中通过实验渣膜的热流密度，随着对应渣膜厚度的增加表现出逐渐下降的趋势。分析原因认为固态渣膜的变厚会提高其对应的传热热阻率，进而减少结晶器壁和渣膜间的传热热流值。实验室内制取的各固态渣膜的结晶率和其对应的渣膜热流密度值如图 6-6 所示。

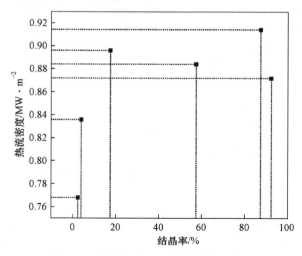

图 6-6 热流密度和渣膜结晶率的关系

由图 6-6 可以看出，不同结晶率的渣膜对应的保护渣热流密度变化程度不是很大，通过渣膜热流模拟实验结果可以看出，渣膜热流密度的浮动范围多集中在 $0.146MW/m^2$。且渣膜结晶率与热流密度二者之间无明显的关联趋势。分析原因认为，中碳钢和包晶钢对应的渣膜结晶率较大，表现出来的结晶性能良好，表面粗糙程度是调节渣膜传热能力的主要因素；而对于高碳钢、低碳钢、超低碳钢等结晶率较低的钢种，玻璃相含量（体积分数）较多，其热流的控制因素主要是渣膜中结晶矿物的含量（体积分数），渣膜厚度情况对传热能力的影响很小。

实验发现渣膜中主要结晶矿物的导热系数排序依次为：硅灰石（$CaO \cdot SiO_2$）>黄长石>枪晶石（$3CaO \cdot 2SiO_2 \cdot CaF_2$），从渣膜结晶矿相角度定量分析实验渣膜的热流密度值，将 S-1 和 S-2 进行对比，可以看出亚包晶钢 S-2 渣膜的结晶率明显较高，仅从导热系数考虑渣膜中结晶相的导热系数大于玻璃相，但 S-2 渣膜中出现了含量（体积分数）高达 90% 以上的晶体的大量析出，会大大增加渣膜的表面粗糙度；同时 S-2 渣膜中结晶相显著增多，在渣膜内部可能会伴随生成大量孔隙，这也会增大热阻，降低渣膜的导热系数，使得通过 S-2 渣膜的热流密度与 S-1 相比略有减少。将 S-2 与 S-4 两种亚包晶钢的渣膜进行对比，充分印证了上述结论。S-3 渣膜的结晶率为 55%~60%，热流密度值却为实验渣膜中最大，分析原因认为此渣膜与其他试样相比析出了含量（体积分数）高达 30%~35% 的硅灰石晶体，硅灰石与渣膜中出现的其他矿物相相比导热系数最大，增大了渣膜的导热能力，使热流密度值增大。将 S-5 和 S-6 两种低碳钢渣膜进行对比分析，二者渣膜中均只出现了枪晶石晶体且 S-5 渣膜的结晶率略大，热流密度值略大，说明结晶率较低时少量晶体的析出可以增大结晶器内的热流密度。

对比连铸生产现场所取的渣膜和实验室自制渣膜可以看出，对于浇铸同类钢种的同种保护渣，二者对应的渣膜中的结晶矿物种类和形态基本相同，生成的矿物种类主要是黄长石、枪晶石与硅灰石。然而对比之下发现工业现场所用保护渣的渣膜中析出的结晶矿物的尺寸粒度略大，分析原因可能是因为工业用的保护渣渣膜在结晶器内停滞的时间相对更长的缘故，使得铸坯过程中生成的矿物相的晶粒能够充分地生长、变大。

通过对实验和现场渣膜光薄片的显微镜下研究发现，结晶矿物的晶体粒度增加，对应渣膜的表面粗糙度变大，即渣膜中析出矿物的晶粒尺寸和渣膜自身表现出来的传热能力具有密切关联。对于中碳钢、亚包晶钢等生产中使用的渣膜结晶率较高的保护渣，制约渣膜传热的关键环节是对应渣膜的结晶率；而对于高碳钢、低碳钢等玻璃相含量（体积分数）高的渣膜，渣膜厚度及其表面的粗糙程度是其传热的主要限制因素。因此，为了改善包晶钢的铸坯传热情况，可适当改进保护渣的结晶性能并降低其连铸中的冷却速度，以通过增大界面热阻，控制传热的方式减少铸坯质量缺陷的发生。

6.2.2　结晶器内传热的控制

从保护渣角度分析制约传热能力的限制性条件主要是生成的固态渣膜的厚度、对应结晶率及结晶矿相的种类。通常情况下，黏度低、结晶温度高的保护渣生成的固态渣膜的特点是结晶相占据的比例较大且成层较厚，在低黏度的条件下，保护渣具有较强的流动能力，在连铸中更易受振动影响流入铸坯与器壁之间，生成结晶层较厚、孔隙率较高的固态渣膜，从而起到很好的绝热效果，使渣膜整体传热均匀，在一定程度上可以降低铸坯缺陷的发生率。

从渣膜结晶矿相的角度考虑，厚的结晶率高的渣膜可有效降低结晶器内弯月面处的热流量。增大渣膜中结晶矿物的析出量，结晶相含量（体积分数）增多，玻璃相含量（体积分数）减少，可以增大渣膜的导热热阻，降低导热系数。而结晶矿物中硅灰石的导热系数最大，故硅灰石对渣膜自身导热热阻和导热系数的影响最显著，提高其生成量可以有效增大渣膜的导热热阻，降低导热系数。黄长石、枪晶石对渣膜传热的影响作用逐渐减小。适量增加保护渣中 Li_2O、TiO_2 和 Fe_2O_3 的添加量可以减小保护渣黏度和熔化温度，减少渣膜中硅灰石的生成量，增大黄长石的析出量，进而减小渣膜导热系数；同时增大保护渣中 F 离子的添加量也能够有效降低固态渣膜的导热系数。

保证保护渣能够均匀地熔化、平缓地流入器壁和铸坯之间并逐渐形成具有一定厚度的渣膜是调节结晶器内产生稳定热流的一项必要条件。当保护渣消耗量一定时，连铸过程中生成的渣膜厚度和结构也一定，若此时保护渣的特性（即保护渣的黏度和结晶温度等）一定，结晶特性（结晶温度、结晶率）好的保护渣便可以更加有效地提高渣膜自身的热阻值，从而减小传热热流。平均热流密度是最大热流密度到特征时间段热流的平均值，集中体现的是固态渣膜的控制传热水平。Tang 等人研究发现铸坯浇注过程中结晶器内产生的平均热流的大小和对应形成的固态渣膜的厚度及结晶率有重要关系，且伴随着渣膜厚度的增加和结晶率的升高，其对应的通过渣膜的平均热流密度值会表现出逐渐减小的趋势。

6.3　渣膜结构对铸坯表面纵裂的影响

6.3.1　铸坯表面纵裂的研究

大量的工厂生产实践表明，亚包晶钢（$w(C) = 0.09\% \sim 0.15\%$）属于裂纹敏感性钢种，其铸坯的成品表面出现纵裂缺陷的可能性最高，要明显高于其他钢种。生产现场钢水中碳含量（质量分数）和对应的铸坯表面纵裂发生率的关系如图 6-7 所示。

如图 6-7 所示，当钢水中的碳含量（质量分数）介于 $0.08\% \sim 0.15\%$ 之间时，铸坯成品的纵裂发生率与其他钢种相比明显要高，且纵裂发生率达到 10% 以

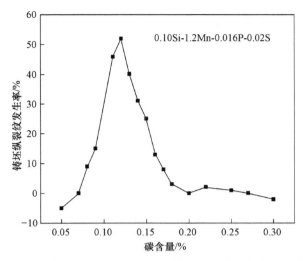

图 6-7 碳含量（质量分数）与铸坯纵裂纹发生率的关系

上。这是因为在高温环境下，结晶器内的液相 δ-Fe 可全部转变成固相 γ-Fe，使得坯壳出现大量线性收缩甚至引发形变，在器壁和铸坯之间生成大量的空隙，使得固态渣膜不均匀传热，导致结晶器内的热流不均，初生坯壳的生长与凝固过程皆不均匀，在坯壳的薄弱处容易出现应力集中的现象，从而引发铸坯裂纹的产生。此外，位于结晶器内的凝固坯壳在内部与外部受到来自钢水静压力、温差压力、液面弯曲应力与振动摩擦力等诸多方面的合力作用，会发生不同程度的弹性形变，当这些弹性形变达到坯壳承受的最大程度时，便会转变成塑性形变，使坯壳产生纵裂纹等不同程度的质量问题。

亚包晶钢的铸坯纵裂缺陷发生位置不固定，可以出现在任何部位，如铸坯的表面、皮下或铸坯角部、边部等，出现的裂纹宽度、深浅也不尽相同，深处可达 25~30mm 或几乎贯通铸坯；浅处仅有 1~2mm。连铸中亚包晶钢产生的典型的铸坯表面纵裂形态如图 6-8 和图 6-9 所示。

分析连铸生产现场出现质量问题的亚包晶钢铸坯发现，成品表面缺陷里约有 95% 产生的是表面裂纹，且多集中在铸坯表面中心部位，以侵入式水口附近最为典型，主要是铸坯沟、纵裂纹。显微镜下观察发现，裂纹沿树枝状晶臂不断延伸生长，伴随着沿晶体走向和贯穿晶体的断裂现象。整体来说，出现纵裂缺陷的铸坯主要表现为以下特点。

（1）就板坯连铸来说纵裂纹现象多出现在铸坯宽面的中部位置，就方坯来说则多集中于铸坯的棱角处。

（2）与正常质量的铸坯相比，出现纵裂纹的区域常形成细小等轴晶构成的较薄的极冷层，且极冷层越薄裂纹越深。

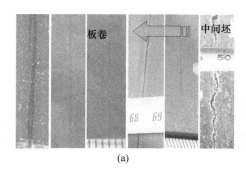

(a)　　　　　　　　　　　　　　　　　(b)

图 6-8　铸坯表面纵裂纹形貌

（a）板坯表面纵裂纹；（b）方坯表面纵裂纹

扫一扫
查看彩图

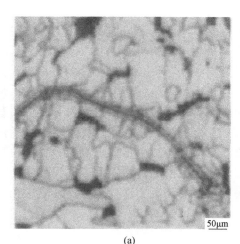
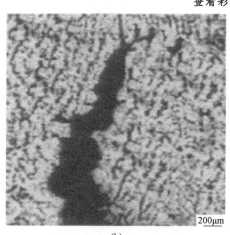

(a)　　　　　　　　　　　　　　　　　(b)

图 6-9　镜下晶粒组织间的纵裂纹形貌

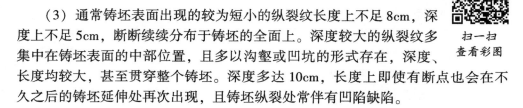

扫一扫
查看彩图

（3）通常铸坯表面出现的较为短小的纵裂纹长度上不足 8cm，深度上不足 5cm，断断续续分布于铸坯的全面上。深度较大的纵裂纹多集中在铸坯表面的中部位置，且多以沟壑或凹坑的形式存在，深度、长度均较大，甚至贯穿整个铸坯。深度多达 10cm，长度上即使有断点也会在不久之后的铸坯延伸处再次出现，且铸坯纵裂处常伴有凹陷缺陷。

6.3.2　渣膜结构与铸坯纵裂的关系

浇注条件一定时，保护渣的碱度、黏度及渣膜厚度和均匀性对结晶器内传热有重要作用，从而影响铸坯纵裂纹的产生。

保护渣的碱度对结晶器的传热有重要影响，通常情况下，当碱度大于 1.0

时，固态渣膜中析出的结晶物含量（体积分数）较高，渣膜热阻变大，导热性能较差，结晶器中的传热热流变小；当保护渣碱度小于 1.0 时，会促进渣膜中玻璃相的析出，减小渣膜的导热热阻，结晶器导热性能较高，热流密度较大。拉速一定时，保护渣黏度与渣膜厚度有重要关联，黏度过大时会大大恶化熔渣的流动性能，使耗渣量变小，熔渣不易流入器壁与铸坯之间，使得结晶器内的传热量杂乱失衡或初生坯壳的厚度参差不齐，容易诱发铸坯凹陷或纵裂缺陷的发生；且结晶器内生成的渣膜过薄时，润滑性能不良，还可能导致黏结漏钢的出现。保护渣黏度过小时熔渣的流动性能显著增强，流入结晶器内的液态熔渣明显增多，使得生成的渣膜厚度上不匀称，致使结晶器内的传热不均，促进铸坯纵裂纹的产生，这种影响作用在裂纹敏感性强的亚包晶钢上效果尤其显著。故浇注亚包晶钢时选用黏度小、熔化温度低、熔化速度和结晶温度高的保护渣较为理想。

从保护渣渣膜结构的角度考虑，液渣层厚度和渣膜中生成的结晶矿相对结晶器传热有显著作用，进而关乎生产中的连铸坯质量情况。

过厚或过薄的液渣层，都会致使结晶器内的热量传递过程杂乱失衡，导致初生坯壳局部厚度不均匀，导致纵裂纹的出现。图 6-10 所示为结晶器内生成的液渣层厚度和铸坯纵裂纹之间的关系。由图可知，总体来说，液渣层厚度与铸坯纵裂呈反比，液渣层厚度增厚，铸坯纵裂缺陷减少。液渣层厚度小于 10mm 的条件下，对应的铸坯纵裂纹的发生率较高；结晶器内生成的液渣层厚度超过 20mm 后，其与铸坯纵裂间的关联作用不大。

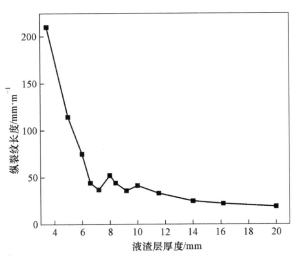

图 6-10 液渣层厚度对铸坯纵裂纹的影响

从固态渣膜的矿相结构角度考虑，通常情况下结晶相的传热能力比玻璃相要大，现场亚包晶钢渣膜中析出了黄长石、枪晶石、硅灰石三种晶体，渣膜结晶率高达 90%，在一定程度上提高了传热能力。但结晶相含量（体积分数）过高会恶化渣膜的表面粗糙度，增大界面热阻；同时，渣膜中有 5%~15% 的枪晶石晶体析出，枪晶石与渣膜中析出的其他结晶矿物相比，其导热系数最小，可有效抑制结晶器热流。故为降低亚包晶钢铸坯纵裂纹的发生，应适当增大渣膜结晶率并促使渣膜中析出尽可能多的枪晶石（$3CaO_2 \cdot SiO_2 \cdot CaF_2$）晶体。设计保护渣时，应增大渣中 Na_2O、K_2O、CaF_2 等组分的含量（质量分数），减少 Al_2O_3 和 MgO 的添加量，以提高保护渣的结晶温度，促使渣膜中枪晶石的生成，减小玻璃相所占的比例。

6.3.3　铸坯表面纵裂的控制措施

6.3.3.1　减少通过结晶器弯月面附近的热流

亚包晶钢铸坯表面纵裂纹的产生与结晶器内的热流密度值密切相关（热流的测量位置在弯月面下方 45mm 处），当结晶器内的最大局部热量超过某一固定边界值时，铸坯的纵裂现象发生率会显著增多，如图 6-11 所示。

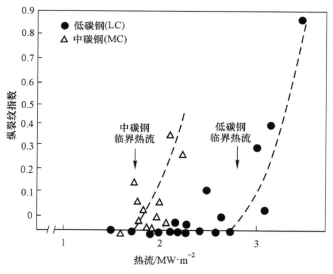

图 6-11　热流值与铸坯纵裂的关系

为了减少亚包晶钢的铸坯纵裂缺陷，应降低结晶器与铸坯间的热传递，尤其是减小从弯月面附近导向结晶器的传热热流，保证初生坯壳能够均匀、稳定地生长。由图 6-11 可知，不同钢种浇注时结晶器内理想的热流密度值不同，对于低碳钢来说，在结晶器内通过的热流密度值小于 $2.7MW/m^2$ 的前提下铸坯表面通常不会产生裂纹缺陷；而亚包晶钢浇注需要保持更小的热流密度值，即控制结晶器内的热流密度值小于 $1.7MW/m^2$ 能够充分降低铸坯纵裂缺陷的发生率。

6.3.3.2 提高渣膜结晶率和枪晶石析出量

合理增大保护渣碱度可以增大对应渣膜的结晶率,促进渣膜中结晶矿物的析出,减少铸坯与结晶器间的热量传递值。通常情况下为了增大渣膜的结晶率常常选用二元碱度较高的保护渣。亚包晶钢具备较强的裂纹敏感性,在选用碱度过高的保护渣进行浇注时,可能会恶化渣膜的润滑性能,引发黏结漏钢事故,故必须充分酌量连铸时结晶器内润滑与传热间的关系。

就亚包晶钢板坯连铸而言,选用具有高结晶率低碱度性能的保护渣,提高原渣中熔剂组分的添加量,能够充分增大对应渣膜的结晶率,使浇注效果较理想;同时,渣膜析出的结晶矿物中枪晶石具有较低的导热系数和较高的熔融黏度,提高渣膜中枪晶石的含量(体积分数)可以有效控制传热,减少铸坯表面纵裂缺陷,为促使枪晶石晶体生成,配制保护渣时可以适当增大原渣中 Na_2O、K_2O 和 CaF_2 的添加量,减少 Al_2O_3 和 MgO 的含量(质量分数)。

参 考 文 献

[1] 李殿明, 邵明天, 杨宪礼, 等. 连铸结晶器保护渣应用技术 [M]. 北京: 冶金工业出版社, 2008.

[2] 郝占全, 陈伟庆, CARSTEN, 等. 不锈钢 1CR17 板坯连铸过程中保护渣液渣层及渣膜的研究 [J]. 特殊钢, 2009, 30 (3): 16-19.

[3] 刘承军, 姜茂发. 连铸保护渣的绝热保温性能 [J]. 钢铁研究学报, 2002 (3): 1-4.

[4] 程红艳. 保护渣渣膜结构模拟及其润滑性能的研究 [D]. 重庆: 重庆大学, 2008.

[5] RAJIL S D, PETER D L, KENNETH C M, et al. The effect of mould flux properties on thermo-mechanical behaviour during billet continuous casting [J]. ISIJ International, 2007, 47 (1): 95-104.

[6] MILLS K C, FOX A B. The role of mould fluxes in continuous casting-so simple yet so complex [J]. ISIJ International, 2003, 43 (10): 1479-1484.

[7] 王谦, 解丹, 何生平, 等. 特殊组分对低氟保护渣凝固温度和结晶性能的影响 [J]. 钢铁研究学报, 2007, 19 (6): 38-41.

[8] 郑毅, 刘志宏, 席常锁. 结晶器保护渣渣膜的结晶矿相及其影响因素 [J]. 连铸, 2007 (6): 41-44.

[9] 雷云, 谢兵. MnO 对保护渣结晶动力学特性的影响 [J]. 过程工程学报, 2008, 8 (1): 185-187.

[10] 李学慧. 连铸中碳钢用保护渣的研制与开发 [D]. 哈尔滨: 东北大学, 2008.

[11] 唐萍. 连铸结晶器内渣膜结晶动力学及渣膜结构研究 [D]. 重庆: 重庆大学, 2010.

[12] LACHMANN S, SCHELLER P R. Effect of Al_2O_3 and CaF_2 on the solidification of mould slags and the heat transfer through slag films [C]. Ⅷ International Conference on Molten Slags, Fluxes and Salts. Santiago, 2009: 1101-1106.

[13] HOOLI P O. Mould flux film between mould and steel shell [J]. Ironmaking and Steelmaking, 2002, 29 (4): 293-296.

[14] PINHERIO C A, SAMARASEKERA I V. Mold heat transfer and continuously cast billet quality with mould flux lubrication [J]. Ironmaking and Steelmaking, 2000, 27 (1): 37-54.

[15] GUO Liang Liang, WANG Xu Dong, ZHAN Hui Ying. Mould heat transfer in the continuous casting of round billet [J]. ISIJ International, 2007, 47 (8): 1108-1120.

[16] 陈清泉. 连铸结晶器保护渣研究 [D]. 武汉: 武汉科技大学, 2009.

[17] 赵紫锋, 张炯明, 王新华, 等. 中碳钢板坯保护渣玻璃质渣膜脱玻化 [J]. 钢铁研究学报, 2009, 21 (11): 16-19.

[18] 杜恒科. 宽板坯连铸结晶器保护渣理化性能研究及应用 [D]. 重庆: 重庆大学, 2006.

[19] 巴均涛. 连铸结晶器内渣膜水平传热模拟研究 [D]. 重庆: 重庆大学, 2008.

[20] 董金刚, 王谦, 迟景灏. 高碱性高玻璃化连铸保护渣组成与性能关系及其应用 [J]. 炼钢, 1999 (3): 35-45.

[21] 王艺慈, 郭俊玉, 董方, 等. B_2O_3 对低氟结晶器保护渣物化性能的影响 [J]. 特殊钢, 2008, 29 (5): 10-13.

[22] 王南辉. 过渡族金属氧化物对连铸保护渣红外辐射传热性能影响的研究 [D]. 重庆：重庆大学，2006.

[23] WEI En Fa, YANG Yin Dong, FENG Chan Glin, et al. Effect of carbon properties on melting behavior of mold fluxes for continuous ccasting of steels [J]. ISU International, 2006, 13 (2): 22-26.

[24] 陈卫敏. 连铸保护渣组成与性能的关系及优化设计的研究 [D]. 鞍山：鞍山科技大学，2003.

[25] 万爱珍，朱立光，王硕明. 连铸保护渣粘度特性及机理研究 [J]. 炼钢，2000, 16 (2): 21-26.

[26] LI Jing, WANG Xi Dong, ZHANG Zuo Tai. Crystallization behavior of rutile in the synthesized Ti-bearing blast furnace slag using single hot thermocouple technique [J]. ISU International, 2011, 51 (9): 1396-1402.

[27] 齐飞. 过渡族金属氧化物对保护渣结晶行为的影响 [D]. 重庆：重庆大学，2007.

[28] 谢兵，齐飞，雷云，等. 连铸保护渣的结晶过程 [J]. 钢铁研究学报，2007, 19 (12): 27-30.

[29] 舒俊，金山同，张丽，等. 冷却速率对连铸保护渣结晶性能的影响 [J]. 北京科技大学学报，2001, 23 (5): 421-423.

[30] 舒俊，金山同，张丽，等. 连铸结晶器保护渣结晶温度 [J]. 北京科技大学学报，2000, 22 (6): 508-511.

[31] 孙丽枫，宋智芳，刘承军，等. 连铸结晶器保护渣结晶性能的研究 [J]. 特殊钢，2007, 28 (2): 34-35.

[32] 王南辉，谢兵. 裂纹敏感性钢种连铸结晶器保护渣的研究现状 [J]. 连铸，2006 (5): 36-39.

[33] LIU Li Na, HAN Xiu Li, LI Chang Cun, et al. Effect of mold flux for casting on microstructe of mould powder [J]. Advanced Materials Research, 2011, 194 (1): 287-291.

[34] 肖茂元，王艺慈，张芳，等. 碱度对无氟渣渣膜传热、结晶性能及结晶矿相的影响 [J]. 铸造技术，2010, 31 (7): 918-921.

[35] 韩文殿，仇圣桃，张兴中，等. 结晶器无氟保护渣渣膜的传热性和矿物结构 [J]. 钢铁研究学报，2007, 19 (3): 14-16.

[36] 杜方，王雨，梁小平，等. 连铸保护渣渣膜模拟实验研究 [J]. 过程工程学报，2009, 9 (1): 197-201.

[37] 董方，王艺慈，王宝峰. BaO 对连铸保护渣熔化行为和结晶矿相的影响 [J]. 特殊钢，2006, 27 (6): 7-9.

[38] 朱传运，刘承军，史培阳，等. 保护渣成分对结晶矿相的影响 [J]. 东北大学学报（自然科学版），2004 (6): 559-562.

[39] 朱传运，刘承军，王德永，等. 结晶器保护渣结晶温度的影响因素 [J]. 东北大学学报（自然科学版），2004, 25 (10): 988-992.

[40] 刘承军，朱英雄，姜茂发，等. 连铸保护渣的熔化温度凝固温度和结晶温度研究 [J]. 炼钢，2001, 17 (2): 43-47.

[41] ZHU Chuan Yun, LIU Cheng Jun. Crystallization temperature and crystallization ratio of mold flux [J]. ISU International, 2005, 12 (6): 21-28.

[42] OMOTO T, SUZUKI T, OGATA H. Development of "SIPS series" mold powder for high Al electromagnetic steel [J]. Shinagawa Techn Rep, 2007, 50: 57-64.

[43] 刘承军, 姜茂发, 王德永, 等. CaO-SiO₂-Na₂O-CaF₂-Al₂O₃-MgO 渣系的结晶温度 [J]. 特殊钢, 2003, 24 (6): 16-19.

[44] MILLS K C, FOX A B, LI Z. Performance and properties of mould fluxes [J]. Ironmaking Steelmaking, 2005, 32 (1): 1-8.

[45] 刘慧, 文光华, 唐萍, 等. 碱度对 CaO-SiO₂-CaF₂-Na₂O 四元渣系结晶临界冷却速度和孕育时间的影响 [J]. 过程工程学报, 2008, 8 (1): 266-270.

[46] HAN Xiu Li, LI Chang Cun, LIU Li Na, et al. Study of Low Carbon Steel on Microstructe of Slag Film [J]. Advanced Materials Research, 2011, 285 (1): 1253-1257.

[47] 赵艳红, 唐萍, 文光华, 等. 保护渣碱度对渣膜传热的影响 [J]. 过程工程学报, 2008, 8 (1): 205-209.

[48] 曾建华, 李桂军, 杨素波, 等. 低碱度高结晶率连铸保护渣的研究应用 [J]. 钢铁, 2004, 39 (6): 17-20.

[49] 姚永宽, 姜茂发, 王德永, 等. 稀土氧化物对连铸保护渣结晶矿相影响 [J]. 钢铁, 2005, 40 (8): 30-32.

[50] 谢兵. 连铸结晶器保护渣相关基础理论的研究及其应用实践 [D]. 重庆: 重庆大学, 2004.

[51] NENMANN F, NEAL J, PEDROZA M A. Mold fluxes in high speed thin slag casting [C]. Steelmaking Conference Proceedings, 1996.

[52] 朱立光, 周建宏. 薄板坯连铸保护渣冶金性能实验研究 [J]. 炼钢, 2006, 22 (4): 24-27.

[53] 舒俊, 全山同, 张丽, 等. 连铸保护渣结晶矿相的研究 [J]. 钢铁, 2001, 36 (9): 21-24.

[54] 申俊峰, 李仙华. 连铸结晶器保护渣的物质组成分析 [J]. 钢铁研究, 1998 (3): 3-7.

[55] 陈兆喜, 陈拥军. 连铸保护渣的物质组成及理化性质研究 [J]. 矿物岩石地球化学通报, 1999 (4): 348-351.

[56] WANG Hong Ming, LI Gui Rong, LI Bo, et al. Effect of B₂O₃ on melting temperature of CaO-based ladle refining slag [J]. ISU International, 2010, 17 (19): 18-22.

[57] WEN Guang Hua, SRIDHAR S, TANG Ping, et al. Development of fluoride - free mold powders for peritectic steel slab casting [J]. ISU International, 2007, 47 (8): 1117-1121.

[58] LI Gui Rong, WANG Hong Ming, DAI Qi Xun, et al. Physical properties and regulating mechanism of fluoride - free and harmless B₂O₃ - containing mould flux [J]. ISU International, 2007, 14 (1): 25-28.

[59] 杨东明, 杨治争, 王延锋. 低碳钢板坯连铸保护渣研究与应用 [J]. 炼钢, 2011, 27 (6): 16-23.

[60] 王强, 曹建新, 戴开发, 等. Q235B 钢浇铸过程保护渣成分及性能研究 [J]. 炼钢,

2011, 27 (5): 60-63.

[61] 魏国立. 保护渣对铸坯质量的影响 [J]. 酒钢科技, 2012 (3): 89-92.

[62] 陈迪庆, 陈光友, 李小明, 等. 42CrMo 大方坯保护渣的调整及效果 [J]. 武钢科技, 2012, 50 (6): 13-15.

[63] YU Xiong, WEN Guang Hua, TANG Ping, et al. Investigation on viscosity of mould fluxes during continuous casting of aluminium containing TRIP steels [J]. Ironmaking and Steelmaking, 2009, 36 (8): 623-630.

[64] DEY A, RIAZ S. Viscosity measurement of mould fluxes using inclined plane test and development of mathematical model [J]. Ironmaking and Steelmaking, 2012, 39 (6): 391-397.

[65] 宋新艳. 连铸保护渣中 SiO_2-CaO-MgO 的系统分析 [J]. 冶金分析, 2008, 28 (6): 69-71.

[66] 王新月, 金山同. 不锈钢 (304HC) 浇铸过程保护渣成分变化及其对渣性能影响 [J]. 钢铁, 2006, 41 (11): 20-22.

[67] 王德永, 姜茂发, 刘承军, 等. Li_2O 和 B_2O_3 对含稀土氧化物保护渣结晶矿物组成的影响 [C]. 中国钢铁年会论文集, 2005 (8): 600-603.

[68] NAKADA H, NAGATA K. Crystallization of CaO-SiO_2-TiO_2 slag as a candidate for fluorine free mold flux [J]. ISU International, 2006, 46 (3): 441-446.

[69] NAKADA H, SUSA M, SEKO Y. Mechanism of heat transfer reduction by crystallization of mold flux for continuous casting [J]. ISU International, 2008, 48 (4): 446-452.

[70] WANG W L, KENNETH B, ALAN C. A study of the crystallization behavior of a new mold flux used in the casting of transformation-induced-plasticity steels [J]. Metallurgical and Materials Transactions, 2008, 39 (1): 66-71.

[71] ALEJANDRO C, FEDERICO C, ANTONIO R, et al. Mineralogical phases formed by flux glasses in continuous casting mold [J]. Journal of Materials Processing Technology, 2007, 182 (1): 358-362.

[72] 刘承军, 陈菡, 孙丽枫, 等. 连铸保护渣的结晶性能及其模型预测 [J]. 钢铁研究学报, 2007, 19 (6): 34-37.

[73] 王雨, 王焱辉, 曾晓兰, 等. 电场作用下保护渣的结晶性能 [J]. 钢铁研究学报, 2012, 24 (5): 10-17.

[74] 王杏娟, 朱立光, 刘然, 等. 高频电磁场作用下保护渣的结晶特性 [J]. 功能材料, 2013, 44 (8): 1163-1167.

[75] 朱立光, 王兴娟, 胡斌, 等. 连铸保护渣析晶行为的研究现状及展望 [J]. 材料导报, 2013 (11): 77-82.

[76] 杜方. 连铸保护渣渣膜结晶矿相分析 [J]. 鄂钢科技, 2011 (3): 164-169.

[77] 王建刚. 连铸保护渣膜的晶体结构分析 [J]. 中国重型装备, 2013 (3): 49-52.

[78] 周鉴, 王强, 仇圣桃, 等. 高铝钢连铸保护渣结晶矿相的研究 [J]. 钢铁研究学报, 2013, 25 (4): 15-19.

[79] LIU Lei, HAN Xiu Li, PAN Miao Miao. Study on the Process Mineralogy of Flux Films for Different Steels Slab Casting [C]. The XVIII Kerulien International Conference on Geology, 2013:

667-671.

[80] HAN Xiu Li, LIU Lei, LI Zhi Min. Analysis on the texture of the slag films for Q235B steel slab casting [C]. The XVIII Kerulien International Conference on Geology, 2013: 710-714.

[81] 于雄. 高铝钢连铸结晶器保护渣的基础研究 [D]. 重庆: 重庆大学, 2011.

[82] 王玉. 中碳钢宽厚板连铸结晶器保护渣研究 [D]. 内蒙古: 内蒙古科技大学, 2012.

[83] 王欢. 高铝钢非反应性连铸保护渣的研究 [J]. 钢铁钒钛, 2010, 31 (3): 20-24.

[84] 廖俊林, 张梅, 郭敏, 等. 高铝保护渣结晶性能的基础研究 [J]. 中国稀土学报, 2010, 28 (4): 481-484.

[85] 周云, 张猛超, 赵张发. 高强度低合金钢保护渣黏度和结晶温度的优化 [J]. 炼钢, 2012, 28 (3): 66-69.

[86] 张江. Al_2O_3 含量对 $CaO-SiO_2-Al_2O_3-CaF_2-Na_2O$ 保护渣结晶性能的影响 [J]. 铸造技术, 2011, 32 (4): 511-514.

[87] BOTHMA J A, PISTORIUS P C. Heat transfer through mould flux with titanium oxide additions [J]. Ironmaking and Steelmaking, 2007, 34 (6): 513-520.

[88] YU Xiong, WEN Guang Hua, TANG Ping, et al. Behavior of mold slag used for 20Mn23Al nonmagnetic steel during casting [J]. ISIJ International, 2010, 18 (1): 20-24.

[89] 杨慧平. 连铸保护渣及渣膜的矿物组成和显微结构研究 [D]. 唐山: 河北理工大学, 2008.

[90] 李沛. 中碳钢保护渣渣膜矿相结构特征及其形成机理浅析 [D]. 唐山: 河北联合大学, 2013.

[91] 张福东. 结晶器保护渣渣膜结构对润滑和传热的影响研究 [D]. 唐山: 河北联合大学, 2013.

[92] 刘磊. 连铸保护渣矿物成分对其结晶性能的影响规律研究 [D]. 唐山: 河北联合大学, 2014.

[93] 张韩. 亚包晶钢板坯保护渣矿物成分对渣膜矿相结构的影响 [D]. 唐山: 华北理工大学, 2015.

[94] 潘苗苗. 低合金钢板坯连铸保护渣渣膜工艺矿物学研究 [D]. 唐山: 华北理工大学, 2015.

[95] 王凯强. 连铸保护渣渣膜的矿相结构形成机理研究 [D]. 唐山: 华北理工大学, 2016.

[96] 张翼飞. 亚包晶钢渣膜矿相结构对传热及铸坯纵裂的影响 [D]. 唐山: 华北理工大学, 2016.

[97] 张玓. 连铸保护渣渣膜对薄板坯表面质量的影响机理 [D]. 唐山: 华北理工大学, 2017.

[98] 杨慧萍, 韩秀丽. 连铸结晶器保护渣的组成对渣膜矿相及性能影响的研究现状 [J]. 河北理工大学学报, 2008, 30 (3): 30-33.

[99] 韩秀丽, 杨慧萍, 刘丽娜. 低碳钢连铸保护渣固态渣膜的显微结构分析 [J]. 钢铁钒钛, 2008, 29 (2): 32-36.

[100] 韩秀丽, 刘磊, 张福东, 等. 唐钢连铸保护渣化学成分对渣膜矿相结构影响规律研究 [C]. 第16届冶金反应工程学会议论文集, 2012: 512-517.

[101] 韩秀丽, 刘磊, 刘丽娜, 等. 低合金钢连铸保护渣渣膜结构对铸坯质量的影响 [J]. 炼钢, 2013, 29 (3): 45-48.

[102] 韩秀丽, 张福东, 李运刚, 等. 唐钢连铸保护渣渣膜矿相分析 [J]. 炼钢, 2013, 29 (2): 45-48.

[103] 韩秀丽, 冯素辉, 刘磊, 等. 连铸保护渣物质组成对其结晶性能影响的研究进展 [J]. 河北联合大学学报, 2013, 35 (4): 22-26.

[104] 韩秀丽, 李沛. 连铸保护渣的物质组成 [J]. 河北联合大学学报, 2013, 35 (3): 53-55.

[105] Han Xiu Li, Liu Lei, Chen Wen. Optimized Analysis of Orthogonal Experiment of Continuous Casting Powder Components Based on Matlab [J]. Advanced Materials Research, 2013 (774-776): 1301-1305.

[106] 刘丽娜, 韩秀丽, 刘磊, 等. 中厚板坯连铸结晶器保护渣渣膜矿相结构研究 [J]. 钢铁钒钛, 2014, 35 (1): 85-89.

[107] 韩秀丽, 刘磊, 刘丽娜, 等. Q235B 和 Q345B 钢板坯保护渣渣膜显微结构的对比分析 [J]. 钢铁研究学报, 2014, 26 (2): 17-21.

[108] 韩秀丽, 李沛. 碱度值 R、F-含量和 Na$_2$O 含量对中碳钢保护渣渣膜结晶体的影响规律 [J]. 河北联合大学学报, 2014, 36 (1): 18-22.

[109] 韩秀丽, 刘磊, 张韩, 等. 温度对连铸结晶器保护渣黏度和热流密度的影响 [J]. 钢铁钒钛, 2014, 35 (3): 94-98.

[110] 刘磊, 韩秀丽, 冯润明, 等. Q235B 板坯连铸保护渣性能及渣膜结构研究 [J]. 炼钢, 2014, 30 (3): 60-63.

[111] 韩秀丽, 潘苗苗, 张韩, 等. 保护渣矿物成分对其熔点和黏度的影响规律 [J]. 河北联合大学学报, 2014, 36 (4): 20-23.

[112] 刘丽娜, 刘磊, 刘志远, 等. 萤石对保护渣黏度及结晶矿相的影响 [J]. 炼钢, 2014, 30 (2): 66-69.

[113] 韩秀丽, 姚明燕, 刘磊, 等. 碱度对保护渣渣膜导热系数和结晶矿相的影响 [J]. 河北联合大学学报, 2015, 37 (3): 43-47.

[114] 张翼飞, 韩秀丽, 刘丽娜, 等. 碱度对保护渣结晶温度及结晶矿相的影响 [J]. 钢铁钒钛, 2015, 36 (5): 103-107.

[115] 韩秀丽, 张韩, 刘磊, 等. 硅灰石对连铸保护渣结晶性能的影响规律 [J]. 钢铁钒钛, 2015, 36 (1): 103-108.

[116] 韩秀丽, 潘苗苗, 刘磊, 等. 萤石含量对连铸保护渣结晶性能的影响 [J]. 特殊钢, 2015, 36 (3): 49-53.

[117] 韩秀丽, 张玓, 刘磊, 等. 连铸保护渣渣膜矿相结构对不同钢种板坯冶金质量的影响 [J]. 特殊钢, 2016, 37 (1): 64-67.

[118] 王凯强, 韩秀丽, 刘丽娜, 等. 萤石含量对结晶器保护渣物理性质和渣膜矿相结构的影响 [J]. 特殊钢, 2016, 37 (1): 9-12.

[119] 张翼飞, 韩秀丽, 刘磊, 等. 连铸结晶器保护渣物化性能的研究进展 [J]. 钢铁研究, 2016, 44 (1): 58-62.

[120] 刘磊，韩秀丽，张玢，等. 矿物原料对保护渣物理化学性能的影响 [J]. 特殊钢，2016, 37 (2)：4-7.

[121] 张翼飞，韩秀丽，刘磊，等. 氟离子对保护渣传热及渣膜矿相结构的影响 [J]. 钢铁钒钛，2016, 37 (1)：137-141.

[122] Han Xiu Li, Zhang Yi Fei, Liu Lei, et al. Effects of soda ash on properties of mold flux and mineralogical structures of flux film [J]. Journal of Iron and Steel Research International, 2016, 23 (3)：197-202.

[123] Han Xiu Li, Zhang Yi Fei, Liu Lei, et al. Influence of Chemical Composition of Mold Flux on Viscosity and Texture of Slag Film [J]. Toxicological and Environmental Chemistry, 2016, 98 (3)：511-517.

[124] 张玢，刘磊，韩秀丽，等. 矿物原料对连铸保护渣渣膜结晶矿相的影响 [J]. 钢铁钒钛，2016, 37 (6)：113-119.

[125] 张韩，赵飒，韩秀丽，等. 中碳钢与低碳钢保护渣及渣膜矿相特征对比 [J]. 河北联合大学学报 (自然科学版)，2016, 38 (1)：6-12.

[126] 刘磊，韩秀丽，李鸣铎，等. 包晶钢薄板坯矿相结构特征及形成机理 [J]. 炼钢，2017, 33 (3)：63-67.

[127] Liu Lei, Han Xiu Li, Li Ming Duo, et al. Effects of quartz on crystallization behavior of mold fluxes and microstructural characteristics of flux film [J]. Journal of Applied Biomaterials & Functional Materials, 2018, 16 (1)：3-9.

[128] Zhang Yi Fei, Han Xiu Li, Liu Lei, et al. Effect of mineralogical structure of flux film on slab quality for medium carbon steel [J]. Transactions of the Indian Institute of Metals, 2018, 71 (7)：1803-1807.